JN075273

もしもに備える

ペットと、わたしの エンディングノート

NPO法人 ペットライフネット［編著］

ENDING NOTE

清文社

はじめに

『もしもに備える ペットとわたしのエンディングノート』は
もしものとき、大切なペットの行く末を思いわずらわないよう、
心を込めて書き残しておく、人生の備えです。

　ペットの飼い主さんにとって、ペットはいつもそばにいて幸せな毎日を約束してくれるかけがえのない存在です。
　それだけに、ペットのお世話ができなくなるような事態が万が一起こったらどうしようと悩まれているのではないでしょうか。

　そこで、ペットを愛する飼い主さんのためにこのエンディングノートを作りました。

　大切なペットへの想い、お世話になった方々への感謝と最後のお願いを書き留め、ペットの今後を誰にどのような方法で託すのかを導き出します。

　ぜひいちど手に取って、書いてみたくなるページから書き始めてください。
　書き進めていくうちに、あなたにとって手放すことができない貴重な人生ノートになるにちがいありません。

特定非営利活動法人ペットライフネット
代表理事 吉本由美子

エンディングノートの役立て方と書き方

エンディングノートは、
もしものとき、
あなたのペットを救い出す、
唯一の手がかりです！

　生きものであるペットは、同じ種類であっても同じ個性のものはいません。

　しかも、あなたのペットの性格や好きなものをよく知っているのは、あなただけです。

　あなた自身が突然の事故などでペットのお世話ができなくなったら、たちまちペットは食事に困り、排泄に不自由し、何よりも大好きな遊びやナデナデを失ってしまいます。不安で気持ちが不安定になり、いつもおとなしかった子が遠吠えをしたり、鳴き続けたり、あるいは物陰に隠れて出てこなくなったりします。

　愛するペットの動揺をできるだけ早く鎮め、新しい事態を受け入れられるようにするには、ペットの習性や性格を他の人にもわかるように伝える必要があります。

　このエンディングノートは、ペットへの愛を込めてペットのすべてを書き留めるもの。もしものとき、あなたのペットのいのちをつなぐ縁ともなる大切なノートです。

ペットの数

●このエンディングノートでは、1匹のペットを想定して作っています。2匹以上飼っておられる方は、必要なページ（ペットの身上書や性格、日常とケア、健康状況など）をコピーしてお使いください。

　あるいは、ペットライフネットのホームページから必要なページをダウンロードしてお使いください。

ペットの写真

●スマホの中はペットの写真だらけという方も、往々にしてプリントアウトしている方は少ないものです。しかし、可愛いペットを誰かに託すことがあるかもしれません。そのとき、ペットを間違われては大変です。

●毎年1回、飼い主さんとペットが一緒に写っている写真をプリントアウトをして貼ってください。飼い主さんと写っていると、ペットの大きさがよくわかります。ペットの誕生日など、撮影日を決めると毎年の変化も見て取れます。

記入した日付

●エンディングノートは最初からすべてを書き込もうとはしないで、書きたいところから書いてください。書き進めれば進めるほど、ペットが愛おしくなりますね。

●また、書いた日を必ず記入しておきましょう。修正したり補足したりした日やその理由なども簡単に書き留めると、ペットとの生活の変化が見て取れます。

Contents

PART 3 ペットの終活×人の終活

※本書は、2023年1月現在の情報によっています。

もしものとき、
後を託された方が迷わずにすむよう、
わかりやすく、楽しく、書きこんでください。

■書けるところから書きだしてみましょう。
■定期的に見直して、修正し、書き足してください。
■写真や雑誌の記事なども貼り付けて、楽しいものに。
■保管場所は、誰もが目に付くところではなく、机の引き出しなどへ。

エンディングノートを書いた年月日

	年月日	書き留めた理由、修正した点など
初回		
2		
3		
4		
5		
6		
7		
8		
9		
10		

ペットの終活

PART 1

あなただからこそ知っているペットの性格やクセ、
大好きなこと、嫌いなこと、
生活習慣や健康についてを書き留めておきましょう。
あなたがペットのお世話ができなくなったとき、
このノートがあなたに代わってペットをお世話する方のための
ガイドブックになります。
あなたと同じようにお世話をしてもらうことで、
ペットのストレスが和らぎます。

ペットとの出会い
〜大切な思い出とともに〜

初めてペットと出会った時の思い出や写真を残しておきましょう。

PHOTO

1 もしものときに！ すぐに役立つ基本情報

あなたが大切なペットのお世話ができなくなったとき、家族や友人が迷わずに適切な処置をとれるよう、事前に基本情報を書いておきましょう。

	名前	住所	電話番号	備考
かかりつけ動物病院				※診察券保管場所
夜間対応動物病院				
緊急連絡先				
ペット保険				※保険証保管場所
ペット葬儀社				
わんにゃお信託®	NPO法人ペットライフネット	550-0012 大阪市西区立売堀 1-9-37 ニューライフ本町1階	(080) 3821-6427	
その他				

2 ペットの身上書

あなたとペットが一緒の写真を見ると、ペットの大きさがよくわかります。

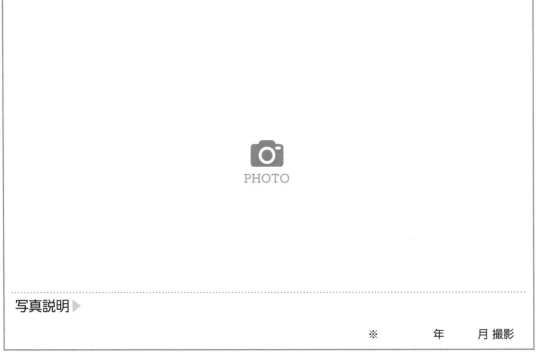

写真説明▶

※　　　年　　月撮影

写真説明▶

※　　　年　　月撮影

ペットの概要が一目でわかる身上書です。

名前		愛称	

名前の由来			
種類	犬 ・ 猫	性別	オス ・ メス
品種		血統書	有 ・ 無 血統書収納場所：
生年月日	年　　　月	家族に なった日	年　　　月
家族になった いきさつ			

外見的特徴	色		柄	
	体長 ※　　　年　　　月現在 　　　　　　　　　　　　cm		体重 ※　　　年　　　月現在 　　　　　　　　　　　　kg	
	その他			

マイクロ チップ装着	登録 ・ 未登録	識別番号
		暗証記号

鑑札番号	※犬の場合	
首輪	有 ・ 無	※首輪や迷子札・鈴に関する注意事項（長さ、材質などについて）
迷子札・鈴	有 ・ 無	
リード（ひも）、 ハーネスなど	有 ・ 無	長さ： 太さ：　　　　　　　　※使用時の注意事項
常用バッグ	有 ・ 無	※散歩などで携帯する常用バッグの中身と保管場所

3 ペットの性格

1 ペットの性格

ペットの性格は飼い主がいちばんよく知っています。
もしものとき、他の方がペットのお世話をすることになっても困らないよう、ペットの気性やクセなどを書いておきましょう。

♥うちの子のいちばん可愛いところ

性格

［例］温厚・活発・陽気・神経質・怖がり・寂しがり屋・押しが強い・ひとりでも平気など…

あなたとの関係

［例］飼い主の指示をよく聞く・甘えん坊・やきもちやき・飼い主の顔色をうかがう・
　　　飼い主がいないと分離不安になるなど…

社交性

[例] 知らない人にも平気・よその人にはなつかない・こどもは嫌い・大人の男性は嫌い・
　　　大きい声の人は嫌いなど…

大好きなほめられ方

[例] 高めの声で「いい子だね〜」といって頭を撫でられるのが好き・
　　　「よくやった!」といっておやつをあげる・クリッカーをつかってほめるなど…

抱っこの好き嫌い

[例] 抱っこは大好き・その時々の気分・触る場所による・絶対、触らせないなど…

好きなコト・モノ

[例] ねずみのおもちゃが大好き・安心する毛布がある・ソファーの上が落ち着くなど…

怖がるコト・モノ

[例] 雷の音と光が怖い・救急車の音が怖い・掃除機の音が嫌いなど…

② お留守番

あなたが留守の場合のペットのお世話の仕方を書いてください。

おうちで留守番

[例] 半日くらいの留守ならケージで過ごさせる・一泊二日の留守ならフードと水をおいておけば大丈夫

外部サービスを活用

[例] 1日以上の留守ならペットホテルを利用・ペットシッターさんに来てもらう

③ おでかけ（移動や運搬）

ペットを病院に連れて行く場合のことも考えて書いてください。

乗り物でのおでかけは、好き？ 嫌い？

好き！　・　普通　・　嫌い！

移動の手段

[例] 自家用車に乗れる・タクシーに乗れる・自転車に乗れる・バイクに乗れる・バギーに乗せる

運搬の方法

［例］キャリーバッグ、カートに慣れている・猫の場合：キャリーバッグを嫌がるので洗濯ネットを使う

お出かけに必ず用意するもの

［例］ペットシーツ・お水たっぷり・いつものフード1日分・おやつ多め・予備のリード・タオル・大好きなおもちゃ

＼ ワン ／
ポイント
アドバイス

もしものときのことを考えて、
人馴れできるようにしておきましょう。

● 犬や猫が環境に慣れ、他の動物との付き合い方を学ぶ時期を「社会化期」と呼びます。犬なら生後4週齢～13週齢くらい。猫なら3～9週齢くらいといわれています。この短い期間に飼い主以外の人と出会い、親しみながら成長すると社交的でフレンドリーな性格になります。

● 犬の場合は散歩やトレーニングで社会化期を上手にクリアするケースが多いですが、家の中で過ごす猫の場合は社会化期も短く、せいぜい家族になじむだけになってしまいます。そのため、来客があるとこそこそと隠れてしまったり、あるいは逆にシャーと威嚇したりしてしまいます。猫の社会化はかなり難しいとされています。

● もしものとき、ペットを他の方に委ねなくてはならない事態になると、新たにペットのお世話をする側も、社会化できていないペット自身も大変なストレスに見舞われます。できるだけ、日頃から飼い主以外の人間に親しむ機会を作り、他の人間を怖がらないですむよう、社交性を身に付けられるように努めてあげましょう。

4 生活の中で気をつけておきたいこと

ペットがもつトラウマや加齢からくる心配事などをきめ細かく書き留めてください。

家具などへの損傷

［例］ソファなどを咬む・家具にキズをつける・猫のカーテンのぼり・猫の網戸のぼりなど…

脱走癖

［例］リードを嫌がる・脱走癖がある・網戸を自分で開けることができる・ドアノブを自分で開ける・
　　隣や近所の家によく行く習性があるなど…

攻撃行動

［例］郵便局・宅急便の人や他の犬がくると、うなる・噛みつく・吠えかかる・むだ吠え・猫パンチなど…

不適切な排泄

［例］気に入らないことがあるとトイレ以外で排泄をする・犬の場合：うれしくてオシッコをもらすなど…

虐待などのトラウマ

[例] 長い棒を怖がる・暗闇を怖がる・異性の人を怖がる・特定の制服を怖がる・
　　 閉じ込められるのを怖がるなど…

動物との相性・多頭飼育の許容性

[例] 犬、猫にかかわらず総じて仲良くできる・同じ動物とは仲良くできる・
　　 どんな動物とも仲良くできない・多頭飼育になじめる、なじめないなど…

＼ ワン ／
ポイント
アドバイス

（ トラウマを抱えた保護犬・保護猫も、
人間に心を開くと大変身！ ）

　保護犬・保護猫の中には保護された時の捕獲器のショックや輸送、動物愛護センター・保護施設での生活など、さまざまな場面でトラウマを抱えてしまうことがあります。また、野犬や野良猫だった場合は人間社会そのものが恐怖で、まるで別の星に連れてこられたかのような感覚でいる場合もあります。

　しかし人間がそういった事情を想像して、辛抱強く付き合っていると、保護犬や保護猫は少しずつここが安心・安全な場所であること、人の手はあたたかくて優しいものだということを学習していきます。

　安心・安全な場所だと認識すると、少しずつ本来の性格が出てきます。おとなしいと思っていた子が実は明るくてお調子者だったとか、怖がりだと思っていた子がおっとりと落ち着きのある子だったなど、こちらとしては戸惑うこともあるかもしれません。最初は馴れなくて手こずった子が心を開いてくれる喜びはとても大きいものです。顔つきも優しいものに変わってきますし、甘えん坊になることもよくあります。保護犬や保護猫は間違いなくかけがえのないパートナーになってくれますよ。

4 ペットの日常とそのケア

1 一日の過ごし方

食事や睡眠、散歩、遊びなど、ペットのライフスタイルは年齢などによって大きく変わってきます。ペットのお気に入りの過ごし方を書き留めておきましょう。

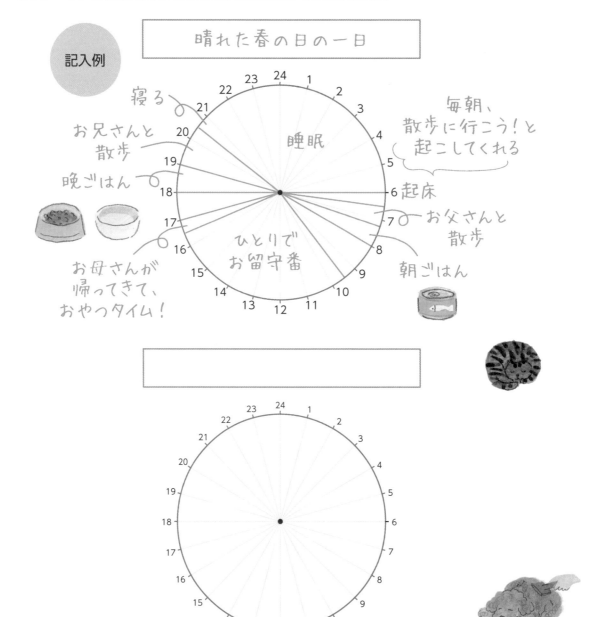

記入例

晴れた春の日の一日

寝る
お兄さんと散歩
晩ごはん
お母さんが帰ってきて、おやつタイム！
睡眠
ひとりでお留守番
毎朝、散歩に行こう！と起こしてくれる
起床
お父さんと散歩
朝ごはん

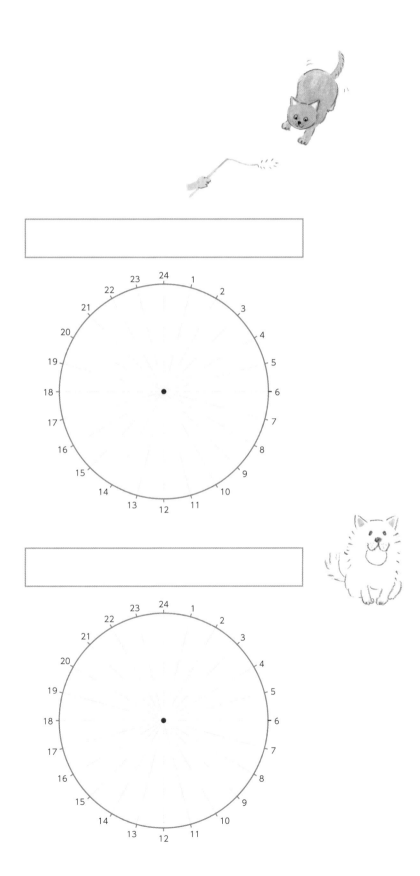

ペットの終活

ペットの日常とそのケア

② お手入れ

お手入れの必要性の有無やお手入れをする人、頻度、注意点を書いておきます。
季節や天候でお世話の仕方が変わる場合は、そのことにもふれてください。

	日頃、お手入れをする人	お手入れをお願いする場合
1 爪切り	☐ 私 ☐ 家族（　　　　　）	名前： 電話番号：
2 ブラッシング	☐ 私 ☐ 家族（　　　　　）	名前： 電話番号：
3 シャンプー	☐ 私 ☐ 家族（　　　　　）	名前： 電話番号：
4 耳掃除	☐ 私 ☐ 家族（　　　　　）	名前： 電話番号：
5 歯磨き	☐ 私 ☐ 家族（　　　　　）	名前： 電話番号：
6 目ヤニのケア	☐ 私 ☐ 家族（　　　　　）	名 前： 電話番号：

ペットの終活

ペットの日常とそのケア

■ トリミングの記録

日付	トリミング店	利用メニュー	料金
/			
/			
/			
/			
/			
/			
/			
/			
/			

■ トリミング店

店名	
電話番号	
住所	
備考	

3 季節のケア

季節ごとに注意するポイントを書き込んでください。

季節	項目	内容
春	抜け毛対策	
	室温の管理	
	その他	
夏	梅雨時に必要なケア	
	エアコンの温度設定	
	熱中症対策	
	その他	
秋	抜け毛対策	
	衣料や敷物の模様替え	
	その他	

冬	暖房と室温	
	ケージや ペット用ベッドの敷物	
	その他	
通年	ノミ・マダニのケア	
	アレルギー対策	
	蚊への対策 （フィラリアの薬の 投薬）	

4 散歩

季節やお天気で散歩の仕方が変わる場合もふれてください。

1日の散歩回数	1回目	2回目	3回目
時間帯			
お気に入りの コース			
散歩友達			
雨天の場合			
季節で変わること			
散歩に 持っていくもの	☐ 散歩バッグ ☐ リード ☐ 首輪、ハーネス ☐ 迷子札(首輪やハーネスに付けておく) ☐ うんち用ビニール袋 ☐ トイレシート ☐ 水が入ったペットボトル(マナー水) ☐ おやつ ☐ おもちゃ(ボール、フリスビーなど) ☐ トイレットペーパー、新聞紙 ☐ ライト(夜間散歩用) ☐ レインコート ☐ 虫よけスプレー(犬が舐めても安心なもの)		
散歩中の ウンチやおしっこ	※処理方法やお気に入りのトイレスポットなど		

5 トイレ

トイレはペットの健康のバロメーターです。注意点などがあれば書いておきましょう。

トイレの仕方やクセ		
備品	ペット用シーツ	猫砂
	メーカー・タイプ・サイズ 等	メーカー・タイプ・サイズ 等
	購入先	購入先
便や尿で注意する点		
外出時に注意する点	※携帯するものなどがあれば書いてください	

6 就寝

ペットは飼い主と一緒に寝るのが大好きです。
しかし、災害時などを考え、クレートでひとり寝ができるようにしつけておきましょう。

ペットの終活

ペットの日常とそのケア

就寝の好みやクセ			
添い寝をするか、ひとり寝ができるか			

寝る時に必要なモノ	専用ベッド	敷物	その他

季節や気温などで注意している点	夏	冬	その他

MEMO

7 洋服など

ペットのお気に入りの洋服やアクセサリーがあれば、写真を貼ってください。

洋服、首輪、アクセサリーへの好み					
お気に入り	洋服		首輪		その他
季節などで注意している点	春	夏	秋	冬	その他
購入先やお手入れ、収納場所など					

PHOTO

5 食事とおやつ

1 食事の与え方

ペットの年齢や体重によって与える量や頻度が異なります。
今現在の状況を書き留めておき、ペットの変化にあわせて書き換えてください。
主食は、必要な栄養素を摂取できるように考慮された「総合栄養食」にしましょう。

ペットの年齢			ペットの体重	
食事に対する好みやクセ				
食事の与え方	1回目	2回目	3回目	おやつ
	時頃	時頃	時頃	時頃
フードの種類	ドライ・ウェット	ドライ・ウェット	ドライ・ウェット	ドライ・ウェット
量	g	g	g	g
購入先				
保管場所				
食事上の注意点	※猫草の扱いについても書いてください			

② 好きなごはん、嫌いなごはん

ペットの好き嫌いを把握したうえで、栄養バランスの良い食事を与えたいですね。

■ 好きなごはん

パッケージの写真と盛り付けた写真を貼ってください。

PHOTO

メーカー名	商品名

■ 嫌いなごはん
試してみたけれど、食べなかったフードをリストアップしてください。

商品名	メーカー名	嫌いな理由

③ 好きなおやつ、嫌いなおやつ

ペットが大好きだからといって、おやつが主食になってしまわないようにご注意を！
おやつはあくまでもご褒美としてあげましょう。

■ 好きなおやつ

パッケージの写真と盛り付けた写真を貼ってください。

PHOTO

■ 嫌いなおやつ
試してみたけれど、関心を見せなかったおやつをリストアップしてください。

商品名	メーカー名	嫌いな理由

ペットの終活

食事とおやつ

食物アレルギーなど

食物アレルギーの場合、どのタンパク質が原因になるかは、ペットそれぞれによって異なります。気になることがあれば、獣医さんに相談してください。

食物アレルギーの 有無	有（　　　　　　　　　　　　　　　）・ 無
アレルギー症状	☐ 1歳までに発症した ☐ 皮膚炎（季節に関係なく、かゆがって、いつもかく） ☐ うんちの回数が多い ☐ 口や目のまわりに炎症がある ☐ よく吐く ☐ その他 　（　　　　　　　　　　　　　　　　　　　　　　　　）
食物アレルギーの 原因	
与えては ならないもの	
獣医師からの アドバイス	

ペットの終活

食事とおやつ

⑤ 療法食

腎臓や心臓、消化器、下部尿路（おしっこ）など、ペットがかかる病気の進行を遅らせ、症状を和らげるための食事が「療法食」です。
獣医師と相談し、適切な指導を受けてください。

病名			
療法食の商品名			
与えはじめた時期			
与え方			
時間	1回目	2回目	3回目
	時頃	時頃	時頃
量	g	g	g
診断した獣医師	獣医師名		
	連絡先		
獣医師からのアドバイス			

サプリメント

サプリメントは、食事だけではとりにくい栄養素を補う「栄養補助食品」です。
ペットたちも長寿命化し、からだのあちこちが気になる犬や猫が増えてきました。
それにあわせて、さまざまなサプリメントが販売されています。
ペットがお気に入りのサプリメントがあれば、書き留めておいてください。

商品名	メーカー名	与え方	お気に入りの理由

手作りごはん

手作りのごはんをパクパク食べてくれた時、いっそう愛おしさがつのりますよね。
毎日、手の込んだメニューを作るのは大変です。いつものドライフードに手作りの
トッピングをするなど、工夫を凝らして、ムリせず楽しんでください。

大好きな 手作りごはん メニュー名	
材料	
作り方	
コツ・ポイント	
与え方や 注意点	

PHOTO

大好きな 手作りごはん メニュー名	
材料	
作り方	
コツ・ポイント	
与え方や 注意点	

PHOTO

食事とおやつ

6 ペットの健康状況

1 かかった病気（既往症）

現在の病気の診断や治療法の選択に、既往症は重要な手掛かりとなります。
できるだけ詳しく書き留めておきましょう。

かかりつけの動物病院	病院名			電話番号	
	住所				
避妊・去勢	済	※避妊・去勢をした年月日		未	※避妊・去勢をしない理由
予防注射やワクチン	※定期的に必要な予防注射		※予防注射やワクチン接種の時期および注意事項		
常備薬や飲用しているサプリメント					

既往症（今までにかかった病気）	病名	発病時期	受診した病院	完治の有無 他

現在治療中の病気	有 ・ 無	※病名	※発病して以降の経緯
	※現在の状況と注意点		
出産経験（女の子）	有 ・ 無	※出産経験がある場合は、その具体的な経緯および子どもの引き取り先など	

ペットの終活　ペットの健康状況

② 健康診断

犬や猫は人間と比べ1年に4〜6倍のスピードで成長、老化していきます。
若いうちは年に1回、7歳以上のシニア期の場合は、年に2回程度の健康診断をしておきたいですね。

健康診断実施日	診断項目と結果						動物病院
	身体検査	血液検査	尿検査	糞便検査	歯肉炎検査	その他	
/	診断結果						
/	診断結果						
/	診断結果						
/	診断結果						
/	診断結果						

ペットの終活

ペットの健康状況

③ ワクチン接種

ペットの健康を損ない、時には死に至らせることもある感染症からペットを守るために、ワクチン接種は欠かせません。ただ、ワクチンの効果は時間とともに薄れます。
追加接種を忘れずに行ってください。

接種年月日	接種した動物病院	ワクチン名・メーカー	備考
／　／			
／　／			
／　／			
／　／			
／　／			
／　／			
／　／			
／　／			
／　／			
／　／			
／　／			
／　／			
／　／			
／　／			

通院記録

病院が変わっても、通院記録があればペットの病歴や健康状態を把握してもらえます。
また、診察の経緯から、病気の早期発見にもつながります。

受診日	動物病院	症状	処置	備考
/				
/				
/				
/				
/				
/				
/				
/				
/				

5 ペット保険加入状況

保険会社	住所	連絡先	加入年月日

保険の種類・プラン		証券番号	

契約内容

保険使用状況			
受診日	病院	診察内容	診察料金
/			
/			
/			
/			
/			
/			
/			

7 ペットのために利用しているサービス

ペットのためにいろんなサービスがでてきました。
利用してよかったところ、また使いたいサービスなどを書き留めておくと便利です。

サービス	名称	住所	電話番号ホームページ
(1) ペットシッター			
	※利用頻度、ペットシッターさんの名前、料金、シッティング依頼上の注意事項		
	※利用頻度、ペットシッターさんの名前、料金、シッティング依頼上の注意事項		
	※利用頻度、ペットシッターさんの名前、料金、シッティング依頼上の注意事項		
(2) ペットホテル			
	※利用頻度、料金、利用上の注意事項		
(3) ドッグラン			
	※利用頻度、担当者の名前、料金、利用上の注意事項		
	※利用頻度、担当者の名前、料金、利用上の注意事項		

サービス	名称	住所	電話番号 ホームページ
(4) 犬の教室			
	※利用頻度、ドッグトレーナーの名前、料金、利用上の注意事項		
(5) ペットタクシー			
	※利用頻度、運転手の名前、料金、利用上の注意事項		
(6) 通信販売			
	※購入品（フード、おやつ、衛生用品、洋服など）、購入頻度、利用上の注意事項		
	※購入品（フード、おやつ、衛生用品、洋服など）、購入頻度、利用上の注意事項		
	※購入品（フード、おやつ、衛生用品、洋服など）、購入頻度、利用上の注意事項		
	※購入品（フード、おやつ、衛生用品、洋服など）、購入頻度、利用上の注意事項		
(7) 備考			

8 ペット仲間 （何かあれば相談できる方や団体）

急用や急病、災害にあったりしたとき、なによりも頼りになるのはペット仲間です。
連絡先リストを作っておくと便利です。

名称・名前	先方のペットの名前	住所	電話番号
	※おつきあいのきっかけ、会う頻度、人柄、相談できる内容　他		
	※おつきあいのきっかけ、会う頻度、人柄、相談できる内容　他		
	※おつきあいのきっかけ、会う頻度、人柄、相談できる内容　他		
	※おつきあいのきっかけ、会う頻度、人柄、相談できる内容　他		
	※おつきあいのきっかけ、会う頻度、人柄、相談できる内容　他		
	※おつきあいのきっかけ、会う頻度、人柄、相談できる内容　他		

名称・名前	先方のペットの名前	住所	電話番号
	※おつきあいのきっかけ、会う頻度、人柄、相談できる内容　他		
	※おつきあいのきっかけ、会う頻度、人柄、相談できる内容　他		
	※おつきあいのきっかけ、会う頻度、人柄、相談できる内容　他		
	※おつきあいのきっかけ、会う頻度、人柄、相談できる内容　他		
	※おつきあいのきっかけ、会う頻度、人柄、相談できる内容　他		
	※おつきあいのきっかけ、会う頻度、人柄、相談できる内容　他		

9 ペットのお葬式

ペットのお葬式もいろんな方法がでてきました。
事前に下調べをしておき、悔いのないお別れができるようにしたいものです。

種類		内容
ペット葬儀社	お迎え	● ペット葬儀社に連絡をするとお迎えにきてくれます。 ● 納棺して運ぶため、お棺の料金が必要な場合があります。
	合同葬	● 他のペットと一緒に火葬して、合同慰霊碑に埋葬し供養します。 ● 自宅で安置していた遺骨を合同慰霊碑に埋葬してくれるサービスもあります。
	個別葬	● 個別に火葬し、遺骨を届けてもらいます。 ● 火葬に立ち会い、収骨、遺骨の持ち帰りもできます。
ペット霊園	墓地	● 共同墓地、個別墓地などがあります。 ● 納骨堂の場合は期限付きの場合もあります。
移動火葬車		● 自動車の中に火葬用の焼却炉を搭載し、ご自宅や指定場所でペットの火葬を行います。 ● においや煙などの心配はなく、遺骨の引取りもできます。
自治体		● ペットの火葬は、自治体の清掃局や環境衛生局などが担当しています。 ● 遺骨、遺灰の引取りができるところもあります。 ● 費用を含め、対応は自治体ごとに異なります。
自宅埋葬		● ペットの埋葬については、自治体の条例を事前にチェックしてください。 ● 公園や河川敷など公共の場での埋葬は禁止されています。 ● 私有地では、他の動物に荒らされないよう、1メートル以上の深い穴を掘って埋葬します。遺体を包むものは、化学繊維を避け、自然に土に還る綿や絹織物にしましょう。

お葬式の依頼先	住所	連絡先

※埋葬、葬儀、供養への希望

\ ワン /
ポイント
アドバイス

（ ペットと一緒のお墓に入りたい方は、
しっかり下調べを！ ）

　最近はペットと一緒に入れるお墓も登場しています。しかし、動物に対する考え方や宗教観の違いなどにより、隣接する区画の利用者からの賛同がなかなか得られず、まだまだごくわずかな霊園に限られます。
　インターネットなどで事前にペットと一緒に入れる霊園を探しておくことをお勧めします。

10 もしものときのSOS

1 マイクロチップ

2022 年6月1日から「犬と猫のマイクロチップ情報登録」制度がスタートしました。
マイクロチップを装着したら、指定登録機関に飼い主の情報などを登録する必要があります。
犬や猫が迷子になったときや、地震や水害などの災害、盗難、事故など、飼い主と離ればなれになったときに、皮下に埋め込まれたマイクロチップをリーダーで読み取ると、登録された番号がわかり、犬や猫が特定できます。

登録日	
マイクロチップ識別番号	
暗証記号	
備考	

2 迷子札

散歩中にクルマのクラクションの音に驚いて、リードを持つ手を振り切って迷子になってしまった、発情期に去勢していなかった犬や猫が突然家を飛び出してしまったなどなど…。うちの子に限って迷子にならないと過信するのは危険です。
必ず、迷子札を用意しましょう。
近年はGPSが付いたタグや首輪が多数販売されており、万が一迷子になってしまったときにスマートフォンなどから犬や猫の居場所を確認することができます。

迷子札のチェックポイント	☐ GPS機能がついている ☐ 丈夫で耐久性が高い素材でできている ☐ はずれにくいように装着している ☐ 電話番号を明記している ☐ 犬の場合：鑑札・狂犬病予防注射済証もつけている	

③ もしも迷子になったら

迷子になってしまったときのために、あらかじめ次の項目に記入しておいてください。

最寄りの 動物愛護管理センター、 保健所	名称
	住所
	電話番号

最寄りの 警察署、交番 ※遺失物の届出の 手続きを取ってください。	名称
	住所
	電話番号

自治体の動物保護センター・保健所などに収容された動物が検索できる
「環境省収容動物データ検索サイト」も、チェックしてみましょう。
https://www.env.go.jp/nature/dobutsu/aigo/shuyo/

最寄りの動物病院やペットショップにも問い合わせてみてください。
情報が得られるかもしれません。

大阪市ホームページで迷子動物の捜索ポスターを無料でダウンロードできます。
制作したポスターは、ご自身の判断と責任でご使用ください。ポスターを掲示する際には、必ず掲示する場所を管理されている方から許可を得てください。

ペットの終活

もしものときのSOS

防災への備え

災害が起こったときに備えて、日頃から心がけておきたいチェックリストを用意しました。

防災への備え	チェックリスト
避難場所の確認	☐ 市区町村の防災計画や広報でペットの受け入れ体制を確認する ☐ 避難ルートを事前に確認する ☐ 避難訓練を行い、所要時間を確認する ☐ 避難所に入れない場合のことを考え、ペットホテル、動物病院、友人宅など、一時預かり先を探しておく
防災用品の保存	☐ 防災バッグの置き場所を決めておく ☐ 防災用の水やペットフードの備蓄場所を決めておく ☐ 防災用の水やペットフードはローリングストックに配意する （備える⇒消費期限内につかう⇒買い足す）
身元表示	☐ 普段から身元がわかるものをつける （鑑札・迷子札・首輪・マイクロチップなど）
健康管理としつけ	☐ 予防接種やノミ・マダニ・フィラリアの駆除を行う ☐ 事前に避妊・去勢手術を行い、性的ストレスの軽減、感染症の防止、むだ吠えなどの問題行動の抑制をはかる ☐ 普段からキャリーバックやケージに慣らしておく ☐ むやみに吠えないようにしつける ☐ 決められた場所で排泄できるようにしつける ☐ 普段から人馴れができるようにしつける
MEMO	

防災への備え		チェックリスト
ペットのための備蓄品	ペットの命や健康にかかわるもの	☐ 療法食、薬 ☐ フード、水(少なくとも5日分)、おやつ ☐ キャリーバッグやケージ 　(猫や小動物にとって避難時に欠かせないアイテム) ☐ 予備の首輪、リード(伸びないもの) ☐ ペットシーツ ☐ ビニール袋など排泄物の処理用具 ☐ トイレ用品 　(猫の場合は使い慣れた猫砂または使用済猫砂の一部) ☐ 食器 ☐ ガムテープ、結束バンド 　(ケージの補修、段ボールハウス作り、 　ポスター掲示用など、何かと便利に役立つ)
	飼い主やペットの情報	☐ 飼い主の連絡先、飼い主以外の緊急連絡先、預け先などの情報 ☐ ペットの写真 　(飼い主とペットが一緒に写っていると、ペットの大きさや毛の柄などが一目でわかる) ☐ 健康管理手帳 　(ワクチン接種歴、既往歴、投薬中の薬情報、検査結果、 　健康状態、かかりつけ病院などの情報)
	ペット用品	☐ タオル、ブラシ ☐ ウェットタオル、清浄綿 　(目や耳の手入れなどに便利) ☐ 洗濯ネットなど 　(猫の場合は保護や診療の際に便利) ☐ お気に入りのおもちゃなどペット自身のニオイがついた用品 　(ストレス解消になる)

⑤ ペットを預かってもらえる友人・知人・施設

急用や病気などでペットのお世話ができなくなったときに、代わりにお世話をお願いできる
方のリストを作っておきましょう。

ペットを預かってもらえる方	住所	連絡先	かかわり、つながり他

\ ワン /
ポイント
アドバイス

**財布などの携帯品にペットのことを書いた
メモを入れておきましょう!**

- あなたが外出している時に、交通事故などもしものことがあって帰宅できない状況に陥ったら大変です。家で留守番をしているペットは、たちまち食事も水ももらえなくなり、トイレも汚れたままになってしまいます。そして、何より寂しく、不安に襲われてしまいます。
- いつも携帯している財布や定期入れに、「私のペットを助けて! もし、私自身が家に帰れない状態でしたら、実姉に電話をしてください。ペットが留守番をしておなかをすかせています。連絡先（略）」といった名刺サイズのメモを入れておきましょう。
- また、手帳やスマートフォンに、ペットの身上書（名前、年齢、性格、かかりつけの獣医師など）を書き入れておくこともお勧めです。もしものとき、あなたのペットを救い出す大きな手掛かりになります。

MEMO

人の終活

あなたのことを書き留めるページです。
もしものとき、このノートがあれば、
遺された方たちが戸惑わずにすみます。
また、忘れては困るような事柄を書き留めておく
備忘録としても役立ちます。

1 もしものときに！すぐに役立つ基本情報

■ 私自身のこと　　　　　記入日：　　　年　　月　　日

ふりがな		生年月日	
名前			
現住所	〒	本籍地	
		過去の本籍地①	
		過去の本籍地②	
電話番号		携帯電話	
メールアドレス		メールアドレス	
勤務先や所属団体	所在地　　　　　　　　　　　　　電話番号		

■ もしものときの連絡先

緊急連絡先	氏名　　　　　　　続柄　　　　電話番号		
	住所		
	氏名　　　　　　　続柄　　　　電話番号		
	住所		
	氏名　　　　　　　続柄　　　　電話番号		
	住所		
ペットのこと	種類・名前		
	もしものときの預け先①		
	もしものときの預け先②		

■ 重要書類の番号と保管場所

重要書類	記号・番号	保管場所・ 保管場所を知っている人
健康保険証		
運転免許証		
パスポート		
年金証書・手帳		
通帳		
カード類 （クレジットカード・ デビットカードなど）		
生命保険		
火災保険		
地震保険		
自動車保険		

■ 重要書類の保管場所

重要書類	保管場所・ 保管場所を知っている人	備考
印鑑		
遺言書		
不動産登記権利情報		
有価証券関連		

2 私自身のこと

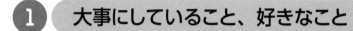

1 大事にしていること、好きなこと

自分自身が大事に思っていることや好きなことなど、あなたの生き方、人柄がしのばれるページにしてください。

私の性格、好ましいところ

好きな言葉、私の信条、座右の銘

私の生きがい、ライフワーク

私の特技、自慢できるところ

大好きなこと、夢中になれること、趣味

好きなことあれこれ（食べ物、音楽、スポーツ、ブランド、タレント、作家など）

人の終活

私自身のこと

② 私の履歴

これまでの履歴を書き残しておきましょう。

■ 学歴

年・月	学歴

■ 職歴

年・月	職歴

■ ライフステージの変化

結婚、出産、子育て、子どもの独立、引越しなど人生の大きな節目を書き留めてください。

年・月	ライフステージの変化

■ 資格・免許

年・月	資格・免許

人の終活　私自身のこと

③ 自分史

楽しかった思い出や熱中した事柄など、今までの人生を振り返ってみましょう。

■ 幼少期（0〜14歳）

住んでいたところ	
当時の家族構成	
幼稚園、保育園、学校	
仲良し、親しい方	
飼っていたペット	
忘れられない思い出	

■ 青年期（15〜29歳）

住んでいたところ	
当時の家族構成	
学校、職業	
仲良し、親しい方	
飼っていたペット	
忘れられない思い出	

■ 壮年期（30〜39歳）

住んでいたところ	
当時の家族構成	
職業など	
仲良し、親しい方	
飼っていたペット	
忘れられない思い出	

■ 中年期（40〜64歳）、高年期（65歳以上）

住んでいたところ	
当時の家族構成	
職業など	
仲良し、親しい方	
飼っていたペット	
忘れられない思い出	

3 家族・親族

 ## 家系図

家系図は、家族に親族関係を具体的に伝えることができます。
自分の財産を引き継ぐ「法定相続人」を確認しておきましょう。

※「第一順位」が全くいない場合は「第二順位」へ。どちらもいない場合は「第三順位」が相続人になります。
※法定相続人等がいない場合、財産は国庫のものになります。
※亡くなられた方には、●印を付け、欄外に命日を記載しましょう。
※枠が足りない場合は、余白をつかってください。
※親族が多く書ききれそうにない場合は、パソコン用の家系図ソフト等を活用すると便利です。

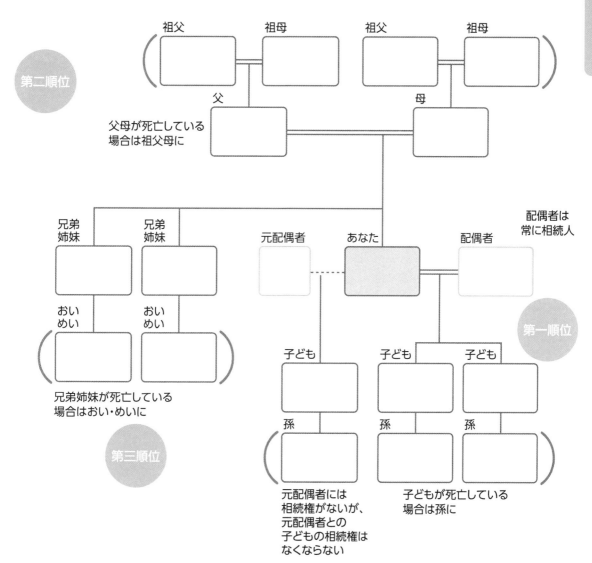

61

② 家族・親族リスト

ふりがな	
名前	

続柄		生年月日	

住所	〒

電話	自宅　　　　　　　携帯
メールアドレス	
勤務先／学校	
備考	

ふりがな	
名前	

続柄		生年月日	

住所	〒

電話	自宅　　　　　　　携帯
メールアドレス	
勤務先／学校	
備考	

人の終活

家族・親族

ふりがな			
名前			
続柄		**生年月日**	
住所	〒		
電話	自宅	携帯	
メールアドレス			
勤務先／学校			
備考			

ふりがな			
名前			
続柄		**生年月日**	
住所	〒		
電話	自宅	携帯	
メールアドレス			
勤務先／学校			
備考			

3 家族・親族へのメッセージ

| | さま | 記入日：　　　年　　　月　　　日（　　） |

| | さま | 記入日：　　　年　　　月　　　日（　　） |

4 友人・知人

1 もしものとき、知らせたい人

備考欄には、関係性がわかるよう「職場同僚」などを書きましょう。
もしものとき、家族から友人・知人の方に伝えておいてほしいことがあれば、ひとことメッセージを書いておくのもいいでしょう。

氏名(ふりがな)	住所	電話番号・携帯番号	メールアドレス
	備考		
	備考		
	備考		
	備考		
	備考		
	備考		

備考欄には、関係性がわかるよう「職場同僚」などを書きましょう。
もしものとき、家族から友人・知人の方に伝えておいてほしいことがありましたら、ひとことメッセージを書いておくのもいいでしょう。

氏名（ふりがな）	住所	電話番号・携帯番号	メールアドレス
	備考		
	備考		
	備考		
	備考		
	備考		
	備考		
	備考		

人の終活

友人・知人

③ 友人・知人のみなさんへのメッセージ

	さま	記入日： 　　年　　　月　　　日（　）

	さま	記入日： 　　年　　　月　　　日（　）

5 資産・預貯金

1 預貯金

備考欄には、「年金振込」や「公共料金の引き落とし」など主な用途を記載します。
インターネット銀行など通帳のない口座も必ず書いておきます。

金融機関名	支店名	口座の種類
〇〇銀行 （記入例）	本店・001	普通
	口座番号	口座名
	1234567	東京太郎
備考	Web用ID：121212　／　年金振込	

金融機関名	支店名	口座の種類
	口座番号	口座名
備考		

金融機関名	支店名	口座の種類
	口座番号	口座名
備考		

金融機関名	支店名	口座の種類
	口座番号	口座名
備考		

金融機関名	支店名	口座の種類
	口座番号	口座名
	備考	

金融機関名	支店名	口座の種類
	口座番号	口座名
	備考	

\ ワン /
ポイント
アドバイス

「名義預金」に気をつけよう!

　名義預金とは、「亡くなった人の名義ではないけれど亡くなった人の財産に含めなければならず、相続税の対象となってしまう預金」のことをいいます。
　例えば、亡くなった人が配偶者や子供・孫など異なる名義で作った預金などです。
　相続税においては、名義にかかわらず、実質的に亡くなった人の所有物と認められる財産は相続財産に含めなければなりません。
　ご自分の状況が名義預金にあてはまるか確認してみてください。

① 預金の資金源が亡くなった人なのに異なる名義で預金していた場合、名義預金とみなされます。
② 異なる名義にしている預金通帳やカード・印鑑を名義人本人に渡さずに、亡くなった人が管理していた場合であれば名義預金とみなされます。
③ 名義人本人には知らせずに預金していた場合、亡くなった人が勝手に預金していたのと同じことになり名義預金とみなされます。
④ 異なる名義にしている口座に預金をする時に、お互いにお金をあげる・もらうという贈与が成り立っていれば、贈与税の話になるため、相続の名義預金にはなりません。

　この名義預金は、名義の名前と本当の持ち主が異なることから亡くなった人の財産から漏れやすくなるため、税務調査の対象になりやすいので気をつけてください。
　判定が難しいものもあるので弁護士や税理士などの専門家にご相談ください。

人の終活

資産・預貯金

クレジットカード・電子マネー

クレジットカードの機能がついているカードはすべて記載します。
紛失時等、カード会社に連絡する際に必要な番号も控えておきます。

カード名称		クレジットカード会社	
カード番号			
紛失時の連絡先		Web用ID	
備考			

カード名称		クレジットカード会社	
カード番号			
紛失時の連絡先		Web用ID	
備考			

カード名称		クレジットカード会社	
カード番号			
紛失時の連絡先		Web用ID	
備考			

カード名称		クレジットカード会社	
カード番号			
紛失時の連絡先		Web用ID	
備考			

カード名称		クレジットカード会社	
カード番号			
紛失時の連絡先		Web用ID	
備考			

③ 保険

生命保険・医療保険・個人年金保険・火災保険・自動車保険・学資保険など、契約している保険をすべて書きだします。

保険会社名・商品名	契約者名	被保険者名
記入例 〇〇生命 しあわせ長寿保険	東京　太郎	東京　太郎
	証書番号	死亡保険金
	S12345-0987	5,000万円
	契約日	満期日
	20××年2月1日	20××年1月31日
	満期保険金受取人名	死亡保険金受取人名
	東京　太郎	東京　花子
	特約（入院保障など）	
	1日　10,000円	
	手続きの連絡先、担当者など	備考
	大阪支店　浪速　次郎 080-1234-5678	

保険会社名・商品名	契約者名	被保険者名
	証書番号	死亡保険金
	契約日	満期日
	満期保険金受取人名	死亡保険金受取人名
	特約（入院保障など）	
	手続きの連絡先、担当者など	備考

人の終活

資産・預貯金

保険会社名・商品名	契約者名	被保険者名
	証書番号	死亡保険金
	契約日	満期日
	満期保険金受取人名	死亡保険金受取人名
	特約（入院保障など）	
	手続きの連絡先、担当者など	備考

保険会社名・商品名	契約者名	被保険者名
	証書番号	死亡保険金
	契約日	満期日
	満期保険金受取人名	死亡保険金受取人名
	特約（入院保障など）	
	手続きの連絡先、担当者など	備考

不動産（土地・建物）

登記の記載内容に沿ってできるだけ正確に記入しましょう。

種類	☐ 土地　☐ 建物　☐ マンション・アパート　☐ 田畑　☐ その他（　　　　　　　　　　　　）		
用途	※自宅、貸家など		
住所（住居表示）※1			
登記上の所在地 ※1			
名義人		持ち分	
登記記載内容	抵当権の設定：☐ なし　☐ あり	面積	
備考 ※2			

種類	☐ 土地　☐ 建物　☐ マンション・アパート　☐ 田畑　☐ その他（　　　　　　　　　　　　）		
用途	※自宅、貸家など		
住所（住居表示）※1			
登記上の所在地 ※1			
名義人		持ち分	
登記記載内容	抵当権の設定：☐ なし　☐ あり	面積	
備考 ※2			

※1 不動産の「登記上の所在地」は、普段住所として使用している「住居表示」とは異なる場合があります。
　　権利証や登記識別情報通知をご覧になるか、もしくは法務局で登記事項証明書を取得して、
　　「所在・地番や家屋番号」などを記入しましょう。
※2 不動産を取得した年や建物の増改築のことや特に誰かに貸している場合はその人の連絡先など、
　　その不動産にまつわることを記入しましょう。

人の終活

資産・預貯金

⑤ 有価証券・金融資産

株、国債、投資信託などについても詳細に書き留めます。

証券会社名／信託会社名	支店名	口座番号
	名義人	WEB用ID
	備考	

証券会社名／信託会社名	支店名	口座番号
	名義人	WEB用ID
	備考	

その他の金融商品（純金積立、ゴルフの会員権など）

6 借入金・ローン

借入金、ローン、保証人になった場合の保証債務も相続の対象です。

借入先		電話番号	
借入金額		借入日	
完済予定日		返済方法	
担保の有無		借入残高	証書の有無	
備考 (毎月の返済額・ 保証人など)			

■ 保証人債務

主債務者名 (あなたが保証した人)		電話番号	
債権者名 (お金を貸した人)		電話番号	
保証金額		保証日	
保証した理由 他			

\ ワン /
ポイント
アドバイス

相続人が困らないよう、
借金の内容をわかりやすく書き残しましょう。

　相続が発生した時、つまりあなたが死亡した時に借金が残っていた場合、その借金はあなたのプラスの財産（預貯金や有価証券など）と共に、相続人に相続されてしまいます。

　プラスの財産が借金の額を上回る場合には、財産から借金を返済して終わることができます。しかし、借金の額の方が多い場合には、相続人がその借金を返済する負担を負わなければならなくなります。そこで法律は相続放棄という制度を設けています。

　相続人は相続の開始があったことを知った時から3か月以内に、家庭裁判所に相続放棄の旨を申述することによって、プラスの財産もマイナスの財産（借金やローンなど）もどちらも相続しない、つまり相続放棄をするという手続きを取ることができます。相続人が相続放棄の手続きを取るべきかどうかを判断しやすくするために、債権者の名前や連絡先、借金の金額等を特定して、借金の内容を記載しておくことが大切です。

7 デジタル情報

スマホやパソコンなどの情報機器は相続の対象になります。
遺族が取り扱う場合を考えて書き留めてください。

■ 携帯電話

契約会社			
電話番号		名義人	
パスワード		ID	
メール	アドレス	パスワード	
契約内容		契約時期	
データ処理への希望	☐ 見ないですべてのデータを消去してほしい ☐ このデータは見ないで消去してほしい （　　　　　　　　　　　　　　　　　　　　） ☐ このデータは見たうえで必要なものは保存してほしい （　　　　　　　　　　　　　　　　　　　　）		
本体の処分方法への希望	☐ 行政の使用済み小型家電回収ボックスへ持ち込む ☐ 国認定の業者に宅配便による自宅回収を依頼する ☐ 譲渡する（譲渡する方の名前：　　　　　　　　） ☐ その他（　　　　　　　　　　　　　　　　　）		

■ パソコン

メーカー・型番		サポートセンター連絡先	
起動時のパスワード			

メールアドレス	プロバイダ	パスワード	会員ID

データ処理への希望	☐ 見ないですべてのデータを消去してほしい ☐ このデータは見ないで消去してほしい （　　　　　　　　　　　　　　　　　　　　） ☐ このデータは見たうえで必要なものは保存してほしい （　　　　　　　　　　　　　　　　　　　　）
本体の処分方法への希望	☐ 行政の使用済み小型家電回収ボックスへ持ち込む ☐ 国認定の業者に宅配便による自宅回収を依頼する ☐ 譲渡する（譲渡する方の名前：　　　　　　　　） ☐ その他（　　　　　　　　　　　　　　　　　）

■ Web サイトのID

備忘録代わりに、よく利用しているサイトやSNSの登録メールアドレスとIDを書き留めておきます。
あわせて、もしものときのSNSやWebサイトの取扱いにも触れておきましょう。

利用サイトやSNS	登録メールアドレス	ID	パスワード
利用サイトやSNSの 取扱いへの希望	☐ もしものときは、すぐに閉鎖してほしい ☐ 有意義な情報だと思うので継続してほしい 　（　　　　　　　　　　　　　　　　　　） ☐ 追悼アカウントに移行し、みなさんで情報共有をしてほしい 　（　　　　　　　　　　　　　　　　　　） ☐ その他（　　　　　　　　　　　　　　　）		

人の終活

資産・預貯金

⑧ クルマなど

自転車・車椅子などについても記載しておきましょう。

車種		
ナンバー		
鍵の保管場所		
任意保険	会社名	
	連絡先	
	保管場所	
自動車税納付書（控）	保管場所	
賃貸駐車場の場合	場所	
	貸主・連絡先	
	支払方法など	

車種		
ナンバー		
鍵の保管場所		
任意保険	会社名	
	連絡先	
	保管場所	
自動車税納付書（控）	保管場所	
賃貸駐車場の場合	場所	
	貸主・連絡先	
	支払方法など	

人の終活

資産・預貯金

6 老後の生活設計

 老後の家計収支

2021年の総務省統計局の家計調査年報から、65歳以上の夫婦のみ無職世帯と65歳以上単身者無職世帯の1か月あたりの家計収支の結果をまとめてみました。
ご自分の場合は、果たしてどのような結果になるでしょうか？ 一度、確かめてみてください。
1か月に必要な生活費が算出できれば、12か月を掛けると1年分の生活費が割り出せます。
1年分を10倍すると10年間の生活費、20倍すると20年間の生活費の概算が導き出されます。

(単位：円)

項目		65歳以上、夫婦のみ無職世帯	65歳以上、単身無職世帯	私の1か月の家計収支
①可処分所得		205,911	123,074	
②消費支出（1～10）		224,436	132,476	
1	食料	65,789	36,322	
2	住居	16,498	13,090	
3	光熱・水道	19,496	12,610	
4	家具・家事用品	10,434	5,077	
5	被服および履物	5,041	2,940	
6	保健医療	16,163	8,429	
7	交通・通信	25,232	12,213	
8	教育	2	0	
9	教養・娯楽	19,239	12,609	
10	その他の支出	46,542	29,185	
非消支出（税金や保険料など）		30,664	12,271	
①可処分所得ー②消費支出		−18,525	−9,402	

(出典：総務省統計局「家計調査年報（家計収支編）2021年（令和3年）」)

1年間の生活費	10年間の生活費	20年間の生活費

② 収入・年金

老後の生活設計の柱になるのが、年金です。忘れずに記載しておきましょう。

■ 公的年金

基礎年金番号	加入したことのある年金の種類	支給日／支給金額
	☐ 国民年金 ☐ 厚生年金 ☐ 共済年金 ☐ その他（　　　　　　　　　）	日
		円
	備考（年金手帳や年金証書の保管場所など）	

■ 障害年金

基礎年金番号	障害の程度	障害年金の種類	支給日／支給金額
	☐ 一級 ☐ 二級 ☐ 三級 ☐ 障害手当金	☐ 障害基礎年金 ☐ 障害厚生年金	日
			円
	備考（年金手帳や年金証書の保管場所など）		

■ 私的年金
・企業年金（企業年金基金、厚生年金基金、確定拠出年金など）
・個人年金（財形年金など）

名称	連絡先	備考

③ 口座引き落とし

金融機関の口座から自動引き落とし（口座自動振替）されているものを記載します。
クレジットカードで支払っている場合は、クレジットカード名を書きます。
亡くなった場合は金融機関に速やかに知らせます。口座が凍結されない場合、死後も引き落としが続いてしまいます。

	項目	金融機関・支店名	口座番号	引き落とし日	備考
記入例	電気	ABCカード	123 456 789	毎月10日	
1	電気				
2	ガス				
3	水道				
4	固定電話				
5	携帯電話				
6					
7					
8					
9					
10					
11					
12					
13					
14					
15					
MEMO					

7 医療・介護

1 最近の体調と病歴

今現在の健康状態を書き留めておきましょう。
例：「持病があるがきわめて良好」「骨折で加療中」

年　　　月　　　日　現在

身長	体重	腹囲	BMI	血圧
cm	kg	cm		／

■ 病歴

病名・ケガ			
時期			
受診内容（手術など）			

■ 持病

持　病			
発症からの経過			
常用している薬			
備　考			

■ アレルギー（食べ物、薬剤、鼻炎、気管支喘息、アトピー性皮膚炎 など）

人の終活

医療・介護

もしものときのために、日頃お世話になっている病院と受診内容、投与薬などを記入しておきます。

病院名		診療科	
連絡先		担当医	
受診内容			
投与薬			
備考			

病院名		診療科	
連絡先		担当医	
受診内容			
投与薬			
備考			

病院名		診療科	
連絡先		担当医	
受診内容			
投与薬			
備考			

人の終活

医療・介護

❸ 介護への希望

もしものときのために、介護について自分の考えを書き留めておきます。

	第一希望	第二希望
本人が判断できない場合、介護の相談をしてほしい人（家族やケアマネージャーなど）	名前 連絡先	名前 連絡先
介護方法	☐ 自宅で家族に介護してほしい ☐ 自宅でヘルパーなどの介護サービスを受ける ☐ 病院や施設に入る 　（希望病院・希望施設　　　　　　　　　　　　　　　　） ☐ 家族の判断にまかせる ☐ その他（　　　　　　　　　　　　　　　　　　　　　）	
介護者への希望	☐ 介護者の生活を第一義に考えてほしい ☐ 金銭面、労力面など、決して無理はしないでほしい ☐ つらいときはヘルパーなど、プロにまかせてほしい ☐ その他（　　　　　　　　　　　　　　　　　　　　　）	
介護費用	☐ 預貯金をあてる ☐ 保険に加入している（詳しく　　　　　　　　　　　　　） ☐ 特に用意していない ☐ その他（　　　　　　　　　　　　　　　　　　　　　）	

■ 要介護認定を受けている場合

要介護度	認定調査年月日	
地域包括センター あるいは 居宅介護支援事業者		担当ケアマネージャー
介護サービスの内容		

告知・延命処置・献体

自分の意思を書き留めておき、遺された家族が判断に迷わないようにします。

	第一希望	第二希望
治療方針など 最期の迎え方を 相談して ほしい人	名前 連絡先	名前 連絡先
告知	☐ 病名・余命ともに告知してほしくない ☐ 病名のみ教えてほしい ☐ 余命が（　　　　）か月以上あれば、病名・余命を告知してほしい ☐ 余命の期間にかかわらず、病名・余命を告知してほしい ☐ その他（　　　　　　　　　　　　　　　　　　　） ※余命告知された時点で、知らせたい親族・友人・知人	
終末医療と 延命処置	☐ 回復の見込みがなくても、延命処置をしてほしい ☐ 延命処置よりも苦痛を和らげるようにしてほしい ☐ 回復の見込みがないのであれば、延命処置はしないでほしい ☐ ホスピスに入れてほしい 　（入りたいホスピスの名称：　　　　　　　　　　） ☐ 尊厳死を希望し、すでに書面を作っている 　（保管場所：　　　　　　　　　　　　　　　　　）	
臓器提供や 献体	☐ 臓器提供のためのドナーカードを持っている 　（保管場所：　　　　　　　　　　　　　　　　　） ☐ 角膜提供のためのアイバンク登録カードを持っている 　（保管場所：　　　　　　　　　　　　　　　　　） ☐ 献体するための登録証を持っている 　（保管場所：　　　　　　　　　　　　　　　　　） ☐ 臓器提供や献体はしない ☐ その他（　　　　　　　　　　　　　　　　　　　）	
備考		

8 見守り、財産管理、任意後見、死後事務

1 見守りサービス

高齢者を見守るサービスが充実してきました。加入しているサービスがあれば書き留めておきましょう。

■ 見守りサービス

名前		連絡先	
サービスの タイプ	☐ 訪問型・宅配型　☐ センサー型　☐ 通報型　☐ 会話（電話）型 ☐ カメラ型　☐ 複合型　☐ 家電利用型　☐ その他		
業者名		料金	
契約内容			

＼ ワン ／
ポイント
アドバイス

「身元保証」や「死後事務」などの高齢者サポートサービスの契約を締結する際に気をつけること

近年、高齢者のひとり暮らしが増えるにつれ、高齢者を対象にした身元保証、生活支援、死後事務等を行う高齢者サポートサービスが広まってきています。

ひとり暮らしの高齢者には、入院・介護施設等に入居の際の身元保証人の手配や、死亡後の葬儀の手配や賃貸借契約、遺品整理などについて不安を抱えている人が少なくありません。そういう高齢者をサポートするサービスが、高齢者サポートサービスです。

このサービスを巡っては、契約内容を理解しないまま大金を支払ってしまったとか、不満足なサービスを理由に解約したのに返金されないなどというトラブルが数多く報告されています。

このようなトラブルに巻きこまれないよう、以下の点に注意しましょう。

①**そもそも高齢者サポートサービスが必要かどうか**：サービスの必要性をよく考えましょう。入院や介護施設等への入居に際して基本的に身元保証人は不要ですし、死後事務については、自治体や社会福祉協議会、弁護士・司法書士などの支援の利用を検討しましょう。

②**料金を支払えるかどうか**：契約をする場合には、自分に必要なサービスを明確にしたうえで、料金を支払えるか検討しましょう。次に、事業者に希望内容を明確に伝え、提供してもらえるサービスの内容を確認しましょう。

③**後見人候補等に契約内容を伝える**：契約をしたら、今後の入院や認知機能低下に備えて、後見人候補や親族等に契約内容を伝えておきましょう。

② 財産管理

認知症などで自分で財産管理ができなくなった場合に備えて、管理をまかせたい人など
を書き留めておきましょう。

■ 財産管理をまかせたい人

名前		続柄・職業	
住所		連絡先	
備考			

■ 任意後見人と契約している

名前		続柄・職業	
住所		連絡先	
備考			

＼ ワン ／
ポイント
アドバイス

判断能力がしっかりしているうちに信頼できる 支援者を選んでおきたい場合は、任意後見制度を!

　最近よく耳にする成年後見制度とは、認知症や知的障がいなどで判断能力が不十分な方を
支援する制度です。これには、「任意後見制度」と「法定後見制度」の2つがあります。

　任意後見制度とは、将来、自分の判断能力が衰えた時に備えて、支援をしてくれる人（任意
後見人）をあらかじめ選んでおき、将来の財産や身のまわりのことなどについて、「こうして欲
しい」と自分の希望を頼んでおくことです。この契約を任意後見契約といいます。

　法定後見制度とは、すでに判断能力が衰えている方のために、家庭裁判所が適切な支援者（法
定後見人など）を選ぶ制度です。選ばれた法定後見人等は、ご本人の希望をできるだけ尊重
しながら、財産管理や身のまわりのお手伝いをします。また、法定後見制度には、ご本人の状
況により①ほとんど判断することができない場合「後見」、②判断能力が著しく不十分な場合
「保佐」、③判断能力が不十分な場合「補助」の3つの段階があります。

　このように、法定後見制度は判断能力が衰えてしまってから家庭裁判所が誰に頼むかを選ぶ制
度で、任意後見制度はまだ判断能力が衰えないうちにご自分で誰に頼むかを選んでおく制度です。

　法定後見制度でも、法定後見人などの候補者を申し立てることはできますが、最終的には家
庭裁判所が判断します。もしご自分であらかじめ選んでおきたいという場合は任意後見制度を
選択するのがよいでしょう。

見守り、財産管理、任意後見、死後事務

③ 死後事務

死後事務は多岐にわたっています。ひとり暮らしの場合は、事前に信頼できる方にお願いしておきたいものです。

※死後事務：亡くなった後のさまざまな手続き
（死亡届の提出、葬儀・埋葬の手続き、年金の支給停止、健康保険・介護保険資格喪失届、病院や施設への支払いと退去手続き、預貯金や資産・遺品の整理、家賃や公共料金の支払い、住民税・所得税・固定資産税の手続き、ペットの引き渡し、パソコンやスマホのデータ消去、親戚や友人への連絡など）

■ 死後事務をまかせたい人、契約している専門業者

名前		続柄・職業	
住所		連絡先	
契約書の有無	☐ 財産管理等委任契約と一緒に契約 ☐ 任意後見契約と一緒に契約 ☐ 死後事務の専門業者と契約 ☐ 契約書はないが、口頭で依頼 ☐ 契約書はない、家族がする		
備考			

MEMO

9 生前整理・遺品整理

1 整理リスト

高齢者住宅や介護施設に入居することになれば、否が応でも持ち物の整理が必要になります。元気なうちに、不要なものは処分し、遺族が困りそうなものは譲渡先などをはっきりさせておきましょう。

不用品の処分方法はいろいろあります。品物にふさわしい方法を選んでください。

1. 自治体の回収を利用する
2. 民間の不用品回収業者に依頼する
3. 引越し業者に引き取りを依頼する
4. リサイクルショップへ持ちこむ
5. フリマアプリやネットオークションを利用する
6. 寄付をする
7. 家族や友人に譲る（形見分け）※次ページにリストあり

	品名	保管場所	処分方法	備考
1				
2				
3				
4				
5				
6				
7				
8				
9				
10				
11				
12				
13				

② 形見分け

家族や友人にもらってほしいものがあれば書いておきましょう。
高額な宝飾品等については遺言書にも記載し、トラブルを防ぎましょう。

	品名	保管場所	もらってほしい方	備考
1				
2				
3				
4				
5				
6				
7				
8				
9				
10				
11				
12				
13				

MEMO

人の終活

生前整理・遺品整理

10 遺言書

1 遺言書の作成

誰しも自分の死後、トラブルを起こしたくありませんよね。トラブル防止のためにも遺言を書いておきましょう。

おひとりさまや法定相続人のいない方は不可欠です。

遺言書	☐ ある　　　　☐ ない		
遺言書の種類	☐ 自筆証書遺言　　☐ 公正証書遺言　　☐ 秘密証書遺言		
作成年月日	年　　月　　日	保管場所	
遺言関係者	公証人	氏名	
		公証人役場	
		電話番号	
	遺言執行者	氏名　　　　　　　　　　職業	
		住所	
		電話番号	

\ ワン /
ポイント
アドバイス

自筆証書遺言は、法務局で保管を！

　2020年7月10日から自筆証書遺言書を法務局で保管する制度（自筆証書遺言書保管制度）が始まりました。

　自筆証書遺言のデメリットといわれてきたものに、紛失や改ざんがあります。ご自身の意思をきちんと伝えるためには一番避けたい点ですが、この制度を利用すると、遺言書の原本を法務局が保管してくれるので、これらのデメリットを解消することができます。

　保管された原本は遺言者本人しか返してもらうことができず、遺言者の死後も写しが交付されるので原本の破棄や改ざんをされる心配はありません。

　注意点は、①保管の手続きは必ずご自身が法務局へ行く必要があり、出向かなければ利用できないということ、②法務局では、全文を自署したか、押印や日付はあるかなどの形式的不備はチェックしてもらえますが、内容までチェックしてくれるわけではありません。

　遺言書には形式的不備と手続きに利用できない内容の不備があります。せっかく作成したのに内容に不備があるために相続手続きに使えないとなっては困ります。特に自筆証書遺言を作成される際には、専門家に事前に相談されることをお勧めします。

② 遺言について相談している専門家

弁護士、司法書士、行政書士、税理士、信託銀行、ファイナンシャルプランナー（FP）など相談している専門家がいれば、書いておきましょう。

事務所名	
担当者	
住所	
連絡先	
相談内容	
備考	

事務所名	
担当者	
住所	
連絡先	
相談内容	
備考	

11 葬儀

1 葬儀への希望

自分の希望をはっきりと書いておくと、遺された家族は迷わずにすみ、助かります。

葬儀の規模	☐ 盛大にしてほしい ☐ 小規模でよい ☐ しなくてもよい ☐ まかせる ☐ その他（　　　　　　　　　　　　　　　　）
葬儀の宗教	☐ 仏教　　　　☐ キリスト教 ☐ 神道　　　　☐ 無宗教 ☐ まかせる　　☐ その他（　　　　　　　　）
	☐ 先祖がまつられてきた菩提寺・教会がある 名　称:　　　　　　　宗　派: 住　所: 連絡先:
葬儀の会場や業者	☐ 生前予約している（　　　　　　　　　　　） ☐ 会員になっている（　　　　　　　　　　　） ☐ 特に考えていない ☐ その他（　　　　　　　　　　　　　　　　）
葬儀の流れ	☐ 通夜 → 葬儀・告別式 → 火葬 ☐ 密葬 → 火葬 → お別れ会 ☐ 葬儀or家族葬 → 火葬 ☐ 火葬のみ ☐ その他（　　　　　　　　　　　　　　　　）
葬儀費用	☐ 遺した預金から（　　　　　　　　）万円くらいで ☐ 保険から（　　　　　　　　）万円くらいで ☐ 特に用意していない ☐ その他（　　　　　　　　　　　　　　　　）
備考	

喪主の希望	名　前： 連絡先：
葬儀の準備を まかせたい人	名　前： 連絡先：
葬儀の世話役を お願いしたい人	名　前： 連絡先： 関係性：
挨拶を お願いしたい人	名　前： 連絡先： 関係性：
香典	☐ いただく　　☐ 辞退する　　☐ まかせる ☐ その他（　　　　　　　　　　　　　　　　　　　　）
供花	☐ いただく　　☐ 辞退する　☐ まかせる ☐ その他（　　　　　　　　　　　　　　　　　　　　）
祭壇	☐ 生花祭壇（希望する生花　　　　　　　　　　　　　） ☐ 白木祭壇　　☐ まかせる ☐ その他（　　　　　　　　　　　　　　　　　　　　）
遺影	☐ 使ってほしい写真がある（保管場所等　　　　　　　） ☐ まかせる
棺に入れて ほしいもの	☐ 入れてほしいもの（　　　　　　　　　　　　　　　） ☐ まかせる
納棺時の服装	☐ 着せてほしい服装（　　　　　　　　　　　　　　　） ☐ まかせる
葬儀で 流してほしい音楽	☐ 流してほしい曲（　　　　　　　　　　　　　　　　） ☐ まかせる

3 葬儀に来てほしい人、来てほしくない人

間柄は、友人、仕事関係、ご近所、趣味仲間など、具体的に書いておきましょう。

葬儀に来てほしい人			
名前	連絡先	間柄	備考

葬儀に来てほしくない人			
名前	連絡先	間柄	備考

4　参列してくださった方へのお礼や想い

| | さま | 記入日:　　　年　　　月　　　日（　　）|

| | さま | 記入日:　　　年　　　月　　　日（　　）|

人の終活

葬儀

12 お墓・納骨・供養・法要

お墓や供養・法要への希望は継いでくれる方の立場を考えたうえで書き留めます。
備考欄には、「ペットと一緒に埋葬し、永代供養をしてほしい」等、自分の希望をより具体的
に書いておきましょう。

	希望	備考
お墓への希望	☐ 先祖代々の墓　☐ 生前購入した墓 ☐ 新たに墓を購入してほしい ☐ 合祀による永代供養の墓 ☐ 納骨堂　☐ 樹木葬　☐ 散骨 ☐ ペットと一緒に埋葬してほしい ☐ 墓は不要、自宅に置いてほしい ☐ まかせる	
	※墓地あるいは購入希望場所 墓地名： 所在地： 契約者名： 管理会社： 連絡先：	
お墓を 継いでほしい人	名　前： 連絡先：	
お墓の費用	☐ 遺した預金から ☐ 保険から ☐ 特に用意していない ☐ その他	
仏壇について	☐ 先祖代々の仏壇に入れてほしい ☐ 新たに購入してほしい ☐ すでに購入している ☐ 必要ない　☐ まかせる ☐ その他（　　　　　　　　　　　）	
供養や法要	☐ できれば定期的に墓参りをして、 　仏壇を拝んでほしい ☐ できる範囲で墓参り、仏壇を拝んでほしい ☐ 法要は忘れない程度にしてほしい ☐ 供養や法要はまかせる ☐ 供養や法要はしなくてよい ☐ その他	

MEMO

ペットの終活 ×
人の終活

あなたに、もしものことがあった場合、
大切なペットはどうなってしまうでしょうか?
ここでは、自分自身の終活を見据えたうえで、
ペットが幸せに生を全うできる
終生飼養のあり方を考えます。

1 もしものとき、ペットの終生飼養を実現するために……。

ペットライフネット（PLN）の「わんにゃお信託®」は、大切なペットと終生ともに暮らしたいと願うシニア世代のために作りました。

飼い主のあなたに"もしも！"のことが起こったとき、
あなたの遺志を受け継ぎ、ペットの終生飼養を実現します。

入院などでペットのお世話ができなくなったときには、ペットライフネットが飼育サポートを行います。

伴侶動物として愛しまれたペットにとって、飼い主さまが
入院などでお世話ができなくなることは想像もつかないほどの異常事態で、
極度のストレスに陥ってしまいます。
そこで、「わんにゃお信託®」の契約者さまが長期にわたってペットのお世話ができない場合、
ペットライフネットが契約者さまになりかわり、万全の体制でペットのお世話をします。

■ 自分にあった「わんにゃお信託®」をチェックするフローチャート

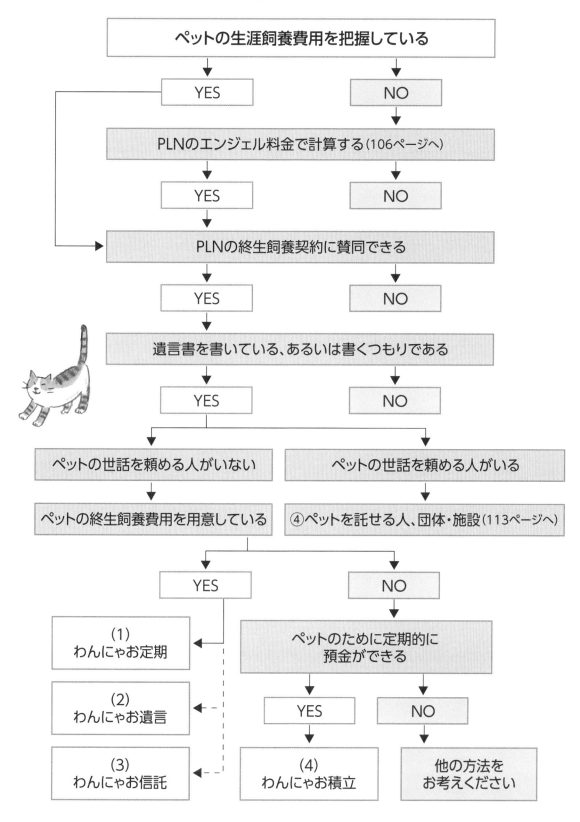

ペットの生涯飼養費用を把握している

YES / NO

PLNのエンジェル料金で計算する（106ページへ）

YES / NO

PLNの終生飼養契約に賛同できる

YES / NO

遺言書を書いている、あるいは書くつもりである

YES / NO

ペットの世話を頼める人がいない / ペットの世話を頼める人がいる

ペットの終生飼養費用を用意している / ④ペットを託せる人、団体・施設（113ページへ）

YES / NO

(1) わんにゃお定期

(2) わんにゃお遺言

(3) わんにゃお信託

ペットのために定期的に預金ができる

YES / NO

(4) わんにゃお積立

他の方法をお考えください

ペットの終活 × 人の終活

もしものとき、ペットの終生飼養を実現するために……。

2 「わんにゃお信託®」と終生飼養契約

もしものとき、
ペットの
お世話をする人が
いない方に

1 わんにゃお定期

すでにペットの終生飼養費用を用意している方に最適です。

■終生飼養契約の手順

①ペットライフネットと終生飼養契約を結んでいただきます。

②ペットの終生飼養費用をご自分の名義の定期預金（他の預貯金とは別の口座）に
　入れていただきます。

③公正証書遺言を作っていただき、もしものときはペットライフネットに
　ペットの終生飼養を委託していただきます。

④健康面での不安を抱えておられる場合は、任意後見(見守り契約)をしていただき、
　病気・入院などでペットのお世話ができなくなった時点で
　ペットライフネットがペットを終生預かります。

遺言など	ペットライフネット (PLN)との契約	終生飼養費用の保全方法	契約に必要な費用
公正証書遺言 任意後見契約 （見守り契約）	終生飼養契約 ※飼養費用を入金している定期預金の口座番号を記載し、もしものとき、PLNに委託する旨を明記する ※遺言書にも明記する	定期預金 （本人名義） ※終生飼養費用の全額を1年満期の定期預金にし、毎年更新する	●PLN一般会員に入会： 　1万5千円（年会費） ●終生飼養管理費用30万円のうち、10万円を契約時に支払う（契約満了での返金はない） ●公正証書遺言作成費用

「わんにゃお定期」でお世話している「てんちゃん」

保護猫の里親募集サイトでてんちゃんをみつけたお母さん、これぞ運命の赤い糸！と感じて、てんちゃんを迎えられました。そんなてんちゃん、お母さんが仕事で家をでようとすると、足元にまといつき、おなかをみせて寝転んで「でかけないで」とするのが愛おしくてたまらない。てんがいるから、仕事にも張り合いがでるとおっしゃっていました。

そして、3年後、お母さんに厳しい病気が発覚しました。

以来、幾度も大きな手術を受け、入退院を繰り返しながら2年が経過。とうとうてんちゃんのお世話ができなくなり、ペットライフネットに飼育サポートを頼まれました。

最後に、てんちゃんと面会されてから10日後、お母さんは旅立たれました。

てんちゃんは今、「わんにゃお定期」の終生預かりで新しいお父さん、お母さんに巡り合い、幸せに暮らしています。

入院や
施設入居で、
近々ペットの
お世話ができなく
なる方に

② わんにゃお遺言

病気入院や高齢者施設への入居などで、
ペットのお世話ができなくなることがはっきりした方にお勧めしています。

■終生飼養契約の手順
①ペットライフネットと終生飼養契約を結んでいただきます。
②終生飼養費用の全額をペットライフネットに寄附していただきます。
③遺言書を書いていただきます。
④飼い主さまの意向を汲んだ里親を選出し、面談のうえ、了解を得ます。

遺言など	ペットライフネット（PLN）との契約	終生飼養費用の保全方法	契約に必要な費用
公正証書遺言または、自筆証書遺言	終生飼養契約 ※飼養費用の全額をPLNに寄附する旨を明記する ※遺言書にも明記する ※遺言執行者を弁護士、司法書士に設定する	PLNへ寄附 ※寄附金は、ペットのお世話ができなくなる時点までPLNで保全。いつでも、里親探し、ペットの飼養に活用できるようにする	●PLN一般会員に入会：1万5千円（年会費）

「わんにゃお遺言」でお世話している「まぁちゃん」

街中の片隅で大勢の猫からいじめられているのをみて、救い出してくれたのがまぁちゃんのお母さんです。
怖がりで、猫はもちろん人も苦手なまぁちゃん。
可愛い顔をしているのですが、ジッと人の様子を観察し、絶対触らせません。お母さんは、おやつで仲良くなろうとしたのですがムリでした。
実はお母さん、かなり前に大病を患っておられました。
懐かないまぁちゃんですが、それだけ余計にまぁちゃんのこれからが心配で「わんにゃお遺言」をされました。
そしてとうとう、お母さんとの別れがやってきました。
まぁちゃん、今はペットライフネットで人馴れ修行中です。

③ わんにゃお信託

終生飼養費用を定期預金で管理するのが苦手な方には、
信託会社にまかせる信託契約をお勧めします。

もしものとき、
ペットの
お世話する人が
いない方に

■ 終生飼養契約の手順

①ペットライフネットと終生飼養契約を結んでいただきます。

②信託会社と金銭管理契約を結んでいただきます。

③ペットの終生飼養費用を信託会社に入金していただきます。

④公正証書遺言を作っていただき、もしものときはペットライフネットに
　ペットの終生飼養を委託していただきます。

⑤契約者がペットのお世話ができなくなったことをペットライフネットに伝える
　「通知人」を設定していただきます。

⑥通知人からペットを預かるように申し出があった時点で、ペットライフネットがペットを引き受けます。

⑦里親を選定し、ペットのお世話を依頼します。

⑧里親から飼育に掛った領収書等を提出していただき、ペットライフネットが精査をし、
　その金額を信託会社から里親に振り込んでもらいます。

遺言など	ペットライフネット (PLN)との契約	終生飼養費用の保全方法	契約に必要な費用
公正証書遺言または、自筆証書遺言	終生飼養契約 ※もしものとき、ペットの飼養をPLNに委託する旨を明記する ※遺言書にも明記する ※通知人届出書を作成する	商事信託 ※信託会社が終生飼養費用の管理を行う。里親や獣医師等へ支払いが発生した場合、PLNが信託会社に指図をし、信託会社から振り込まれる	●PLN一般会員に入会：1万5千円（年会費） ●終生飼養管理費用30万円のうち、10万円を契約時に支払う（契約満了での返金はない） ●商事信託管理費用

「わんにゃお信託」でお世話している「ナナちゃん」

　ナナちゃんのお父さんは、ナナちゃんが2歳8か月の時に亡くなりました。

　亡くなる1年前に病気がわかって、ペットライフネットの「わんにゃお信託®」に契約されていました。

　お父さんは亡くなる3日前、ナナちゃんのこれからのことを親族のみなさんの前でペットライフネットに託されました。

　預かったときのナナちゃんは、毛玉がいっぱいで、グレーの柔らかな毛が台無しになっていました。お父さんが入院がちでしたから、お世話が行き届いていなかったのでしょう。

　そんなナナちゃんも、今ではすっかり素敵なレディに生まれ変わりました。新たに姉弟もでき毎日一緒に楽しく遊んでいます。

　もちろん、ナナちゃんが女王さまです。

4 わんにゃお積立

もしものとき、
ペットのお世話を
する人が
いない方に
終生飼養費用を
これから用意する

ペットを飼いはじめたばかりで、
ペットの終生飼養費用をこれから貯めていこうと考えている方にお勧めします。

■終生飼養契約の手順
①ペットライフネットと終生飼養契約を結んでいただきます。
②ご自分の名義で積立預金を契約していただき、
　必要なペットの終生飼養費用を定期的に貯めていただきます。
③毎年、自筆証書遺言を更新していただき、
　もしものときはペットライフネットにペットの終生飼養を委託していただきます。

遺言など	ペットライフネット（PLN）との契約	終生飼養費用の保全方法	契約に必要な費用
自筆証書遺言（毎年更新）	終生飼養契約 ※飼養費用を入金している積立預金の口座番号を記載し、もしものとき、PLNに委託する旨を明記する ※遺言書にも明記する	積立預金（本人名義） ※飼い主の状況に応じて積立金を算出する	●PLN一般会員に入会：1万5千円（年会費） ●終生飼養管理費用30万円のうち、10万円を契約時に支払う（契約満了での返金はない）

MEMO

3 ペットの終生飼養費用（エンジェル料金）

1 エンジェル料金の計算方法

ペットライフネットでは、ペットが終生安心して暮らすために必要な料金を
「エンジェル料金」と名付けています。
ペットによってエンジェル料金は異なります。
次ページ以降に愛犬用、愛猫用のエンジェル料金の計算シートを用意しています。
ぜひ、ご自分でペットのエンジェル料金を計算してみてください。

エンジェル診断 （ペットの余命診断）	● かかりつけの獣医の健康診断とペットのライフスタイル（完全室内飼いか散歩等で戸外に出る頻度が高いのかといった暮らし方や食事、嗜好性など）をもとに、ペットの余命を判断します。
余命年数の想定	● 長寿が見込める場合は、平均寿命（現在、犬・猫の平均寿命を16歳に設定しています）に2歳プラスした、18歳まで長生きをするものと考えます。 ● 逆に持病などがあり短命と思われる場合は、2歳マイナスした14歳が寿命だとします。 ● 想定した寿命から今現在の年齢を差し引いた年数が、ペットの余命年数です。
(A) 生涯飼養費用	● 飼い主がペットの飼養にかけている1年間の費用を割り出していただきます。 ● その1年間の飼養費用に想定したペットの余命年数を乗じたものが、(A) 生涯飼養費用です。
(B) 医療&介護費用	● ペットの高齢化に伴い、ガンや心疾患などの難病を患うケースが増えています。そこで、もしもの場合に高度医療を望まれるかどうか。また望まれる場合、許容可能な医療費はいくらぐらいかを見積もっていただきます。
(C) 葬儀・埋葬費	● ペットが亡くなったとき、どのような葬儀や埋葬を望まれるのかを想定していただき、(C) 葬儀・埋葬費と計上します。
(D) 終生飼養管理費	● 飼い主とペットライフネットとで「終生飼養契約」を結んだ際に申し受けます。 ● もしもの場合、ペットライフネットがペットを引き取り、新しい飼い主にお預けし、定期的にペットの健康状態、飼育環境をチェックするための管理費です。 ● ペットの種類、年齢を問わず一律30万円。そのうち、10万円は契約時に申し受けます。残りの20万円は、ペットライフネットがペットを引き取った時点で、「わんにゃお信託®」から引き出します。
(E) 予備費	● ペットライフネットがペットを引き取る際に、輸送費や交通費などの料金がかかる場合に申し受けます。
(F) ペット保険	● ペット保険にすでに入っておられる場合、あるいは新規に入っておきたいというご意向があれば、その料金も計上します。
エンジェル料金 （終生飼養費用） (A)+(B)+(C) +(D)+(E)+(F)	● (A) 生涯飼養費用＋(B) 医療&介護費用＋(C) 葬儀・埋葬費＋ (D) 終生飼養管理費（30万円／このうち契約時に10万円を支払う）＋ (E) 予備費（引き取りなどの交通費他）＋(F) ペット保険の合計

❷ 愛犬の事例 （ゲンキくん・12歳の場合）

（A）愛犬の生涯飼養費用

小・中型犬				
年間飼養費用	食事	ドライフード（1日100g）	¥128.4／日×365日	¥46,866
	おやつ		¥1,000／月×12か月	¥12,000
	消耗品	ペットシーツ　他	¥6／枚×3枚／日×365日	¥6,570
	雑費	洋服・おもちゃ・首輪など	¥1,000／月×12か月	¥12,000
	健康維持	健康診断（年1回）		¥5,000
		混合ワクチン（年1回）		¥8,000
		狂犬病ワクチン		¥3,500
		フィラリア予防		¥10,000
		ノミ・ダニ予防	¥1,600／月×12か月	¥19,200
	その他	病気・ケガの治療	1回¥10,000×12回	¥120,000
		ペットホテル費	1回¥5,000×10日間	¥50,000
		シャンプー・カット・トリミング費	毎月1回¥5,000×12か月	¥60,000
	犬の年間飼養費用			¥353,136

生涯飼養費用	現在年齢 12歳 （平均寿命 16歳）	a. 長寿（＋2年）	余命（　　　）年 年間飼養費用×（　　　）年	
		b. 平均寿命	余命（　4　）年 年間飼養費用×（　4　）年	¥1,412,544
		c. 短命傾向（−2年）	余命（　　　）年 年間飼養費用×（　　　）年	

（B）愛犬の医療&介護費用　※愛犬がガンや心疾患などの病気や介護が必要になった時の対応（飼い主さまの選択）

医療&介護コース	年間医療・介護費	医療・介護期間（平均3年）	終生医療・介護費
a. 手厚い医療と介護を望む	¥1,000,000	¥1,000,000×3年	
b. やや手厚い医療と介護	¥500,000	¥500,000×3年	
c. 高額な医療・介護は望まない	¥0	¥0×3年	¥0

（C）愛犬の葬儀・埋葬費　※愛犬が亡くなった時の葬儀・埋葬費

葬儀・供養	a. 個別火葬・永代供養	¥250,000	
	b. 個別火葬・萬霊塔	¥70,000	
	c. 合同火葬・共同墓地	¥50,000	¥50,000

■ 愛犬のエンジェル料金（終生飼養費用）（税抜）

（A）愛犬の生涯飼養費用	（B）愛犬の医療・介護費用	（C）愛犬の葬儀・埋葬費
¥1,412,544	¥0	¥50,000
（D）終生飼養管理費	（E）予備費（引き取りなどの交通費 他）	（F）ペット保険（継続・新規加入）
¥300,000※契約時に10万円を支払う	¥0	¥0
エンジェル料金（A＋B＋C＋D＋E＋F）		¥1,762,544

3　愛犬のエンジェル料金

(A) 愛犬の生涯飼養費用

※愛犬のお世話に必要な食費や医療費などの年間飼養費用を割り出し、
　平均寿命から考えた余命を掛けます。

小・中型犬			
年間飼養費用	食事			
	おやつ			
	消耗品	ペットシーツ　他		
	雑費	洋服・おもちゃ・首輪など		
	健康維持	健康診断 (年1回)		
		混合ワクチン (年1回)		
		狂犬病ワクチン		
		フィラリア予防		
		ノミ・ダニ予防	¥1,600／月×12か月	¥19,200
	その他	病気・ケガの治療	1回¥10,000×12回	¥120,000
		ペットホテル費	1回¥5,000×10日間	¥50,000
		シャンプー・カット・トリミング費	毎月1回¥5,000×12か月	¥60,000
	犬の年間飼養費用			

生涯飼養費用	現在年齢 ＿＿＿歳 (平均寿命16歳)	a. 長寿 (+2年)	余命 (　　　) 年 年間飼養費用×(　　　) 年	
		b. 平均寿命	余命 (　　　) 年 年間飼養費用×(　　　) 年	
		c. 短命傾向 (−2年)	余命 (　　　) 年 年間飼養費用×(　　　) 年	

MEMO

(B) 愛犬の医療&介護費用
※愛犬がガンや心疾患などの病気や介護が必要になった時の対応 （飼い主さまの選択）

医療&介護コース	年間医療・介護費	医療・介護期間(平均3年)	終生医療・介護費
a. 手厚い医療と介護を望む	¥1,000,000	¥1,000,000×3年	
b. やや手厚い医療と介護	¥500,000	¥500,000×3年	
c. 高額な医療・介護は望まない	¥0	¥0×3年	

(C) 愛犬の葬儀・埋葬費
※愛犬が亡くなった時の葬儀・埋葬費

葬儀・供養	a. 個別火葬・永代供養	¥250,000
	b. 個別火葬・萬霊塔	¥70,000
	c. 合同火葬・共同墓地	¥50,000

■ 愛犬のエンジェル料金（終生飼養費用）(税抜)

(A) 愛犬の生涯飼養費用	(B) 愛犬の医療&介護費用	(C) 愛犬の葬儀・埋葬費
(D) 終生飼養管理費	**(E) 予備費**(引き取りなどの交通費 他)	**(F) ペット保険**(継続・新規加入)
¥300,000※契約時に10万円を支払う		
エンジェル料金(A+B+C+D+E+F)		¥

MEMO

4 愛猫の事例（ハナちゃん・8歳の場合）

(A) 愛猫の終生飼養費用

年間飼養費用	食事	カリカリなど	¥100／日×365日	¥36,500
	雑費	砂などトイレ用品		¥20,000
	健康維持	ワクチン		¥5,250
		ノミ・ダニ予防	¥1,500／月×12か月	¥18,000
	その他	病気・ケガの治療	1回¥5,000×12回	¥60,000
		ペットシッター・ペットホテル費	1回¥3,000×10日間	¥30,000
	猫の年間飼養費用			¥169,750

生涯飼養費用	現在年齢8歳（平均寿命16歳）	**a. 長寿（+2年）**	余命（ 10 ）年 年間飼養費用×（ 10 ）年	¥1,697,500
		b. 平均寿命	余命（ ）年 年間飼養費用×（ ）年	
		c. 短命傾向（－2年）	余命（ ）年 年間飼養費用×（ ）年	

(B) 愛猫の医療&介護費用
※愛猫がガンや心疾患などの病気や介護が必要になった時の対応（飼い主さまの選択）

医療&介護コース	年間医療・介護費	医療・介護期間（平均3年）	終生医療・介護費
a. 手厚い医療と介護を望む	¥1,000,000	¥1,000,000×3年	
b. やや手厚い医療と介護	¥500,000	¥500,000×3年	
c. 高額な医療・介護は望まない	¥0	¥0×3年	¥0

(C) 愛猫の葬儀・埋葬費
※愛猫が亡くなった時の葬儀・埋葬費

葬儀・供養	a. 個別火葬・永代供養	¥250,000	
	b. 個別火葬・萬霊塔	¥70,000	¥70,000
	c. 合同火葬・共同墓地	¥50,000	

■ 愛猫エンジェル料金（終生飼養費用）(税抜)

(A) 愛猫の生涯飼養費用	(B) 愛猫の医療&介護費用	(C) 愛猫の葬儀・埋葬費
¥1,697,500	¥0	¥70,000
(D) 終生飼養管理費	(E) 予備費(引き取りなどの交通費 他)	(F) ペット保険(継続・新規加入)
¥300,000※契約時に10万円を支払う	¥100,000	¥0
エンジェル料金(A+B+C+D+E+F)		¥2,167,500

ペットの終活×人の終活 ペットの終生飼養費用（エンジェル料金）

5 愛猫のエンジェル料金

（A）愛猫の生涯飼養費用
※愛猫のお世話に必要な食費や医療費などの年間飼養費用を割り出し、
　平均寿命から考えた余命を掛けます。

年間飼養 費用	食事			
	雑費	砂などトイレ用品		
	健康維持	ワクチン		
		ノミ・ダニ予防	¥1,500／月×12か月	¥18,000
	その他	病気・ケガの治療	1回¥5,000×12回	¥60,000
		ペットシッター・ペットホテル費	1回¥3,000×10日間	¥30,000
	猫の年間飼養費用			

生涯飼養 費用	現在年齢 ＿＿ 歳 （平均寿命 16歳）	a. 長寿（＋2年）	余命（　　　）年 年間飼養費用×（　　　）年	
		b. 平均寿命	余命（　　　）年 年間飼養費用×（　　　）年	
		c. 短命傾向（−2年）	余命（　　　）年 年間飼養費用×（　　　）年	

MEMO

(B) 愛猫の医療&介護費用
※愛猫がガンや心疾患などの病気や介護が必要になった時の対応（飼い主さまの選択）

医療&介護コース	年間医療・介護費	医療・介護期間（平均3年）	終生医療・介護費
a. 手厚い医療と介護を望む	¥1,000,000	¥1,000,000×3年	
b. やや手厚い医療と介護	¥500,000	¥500,000×3年	
c. 高額な医療・介護は望まない	¥0	¥0×3年	

(C) 愛猫の葬儀・埋葬費
※愛猫が亡くなった時の葬儀・埋葬費

葬儀・供養	a. 個別火葬・永代供養	¥250,000	
	b. 個別火葬・萬霊塔	¥70,000	
	c. 合同火葬・共同墓地	¥50,000	

■ 愛猫エンジェル料金（終生飼養費用）（税抜）

(A) 愛猫の生涯飼養費用	(B) 愛猫の医療&介護費用	(C) 愛猫の葬儀・埋葬費
(D) 終生飼養管理費	(E) 予備費（引き取りなどの交通費 他）	(F) ペット保険（継続・新規加入）
¥300,000※契約時に10万円を支払う		
エンジェル料金（A+B+C+D+E+F）	¥	

MEMO

4 ペットを託せる人、団体・施設

長期入院や不慮の事故、あるいは死別となった場合、
大切なペットを託せる方や団体・施設は決まっていますか?
お世話していただける条件などについても具体的に考えておきましょう。

■ 家族にまかせる

名前	続柄	託し方等備考(遺言等)
住所: 連絡先:		

■ 引取り先がある

名前	間柄	託し方等備考(公正証書遺言や任意後見契約等)
住所: 連絡先:		

■ 信託等契約済み

名前	契約条件・契約金・備考
住所: 連絡先:	

■ その他

名前	間柄	託し方等備考(公正証書遺言や任意後見契約等)
住所: 連絡先:		

犬・猫にかける年間支出

（単位：円）

項目	犬			猫		
	2020年	2021年	前年比(%)	2020年	2021年	前年比(%)
ケガや病気の治療費	60,430	59,387	98.3%	31,848	34,395	108.0%
フード・おやつ	64,745	65,924	101.8%	42,925	52,797	123.0%
サプリメント	11,861	15,370	129.6%	5,668	4,428	78.1%
しつけ・トレーニング料	7,204	7,489	104.0%	1	21	1668.0%
シャンプー・カット・トリミング料	48,692	50,723	104.2%	3,635	3,034	83.5%
ペット保険料	46,895	46,187	98.5%	34,929	29,900	85.6%
ワクチン・健康診断等の予防費	32,463	32,695	100.7%	14,029	13,785	98.3%
ペットボトル・ペットシッター	3,991	5,001	125.3%	1,609	1,065	66.2%
日用品	13,750	14,364	104.5%	13,766	13,633	99.0%
洋服	11,640	13,096	112.5%	674	495	73.4%
ドッグランなど遊べる施設	2,880	2,650	92.0%	0	0	-
首輪・リード	5,949	6,984	117.4%	1,614	1,494	92.6%
防災用品	703	761	108.3%	982	884	90.0%
交通費	14,908	12,929	86.7%	891	531	59.6%
光熱費(飼育に伴う追加分)	12,449	12,012	95.5%	12,264	12,785	104.3%
合計(円)	338,561	345,572	102.1%	164,835	169,247	102.7%
回答数(頭)	2,499	1,495		801	712	
どうぶつの平均年齢(歳)	5.3	5.1		4.9	4.9	

（出典：アニコム損害保険株式会社「【2021最新版】ペットにかける年間支出調査」）

ペットの終活 × 人の終活

参考資料

MEMO

犬・猫の平均寿命

■ 犬・猫の平均寿命 （出典：一般社団法人ペットフード協会「令和3年　全国犬猫飼育実態調査」）

● 犬全体の平均寿命は…**14.65歳**
超小型犬（15.30歳）、小型犬（14.05歳）、中・大型犬（13.52歳）

● 猫全体の平均寿命は…**15.66歳**
外に出ない猫（16.22歳）、外に出る猫（13.75歳）

■ 犬・猫と人間の年齢換算表

小型犬・中型犬	大型犬	猫	人間
1ヶ月		1ヶ月	1才
2ヶ月		2ヶ月	3才
3ヶ月		3ヶ月	5才
6ヶ月		6ヶ月	9才
	1年		12才
9ヶ月		9ヶ月	13才
1年		1年	17才
	2年		19才
1年半		1年半	20才
2年		2年	23才
	3年		26才
3年		3年	28才
4年		4年	32才
	4年		33才
5年		5年	36才

小型犬・中型犬	大型犬	猫	人間
6年	5年	6年	40才
7年		7年	44才
8年	6年	8年	48才
9年		9年	52才
	7年		54才
10年		10年	56才
11年	8年	11年	60才
12年		12年	64才
13年	9年	13年	68才
14年		14年	72才
15年	10年	15年	76才
16年		16年	80才
	11年		81才
17年		17年	84才
	12年		86才

（出典：獣医師広報板「犬・猫と人間の年齢換算表」
（https://www.vets.ne.jp/age/pc/））

＼ ワン ／
ポイント
アドバイス

「終生飼養」を考えて、自分の年齢にふさわしいペットを飼いましょう。

　かつては「番犬」といって、庭の犬舎につながれていた犬も、最近では家の中で飼うことが普通になってきました。家と外を自由に行き来していた猫たちも、室内飼いが勧められています。おかげで、交通事故にあうことも少なくなり、外でケガをして伝染病をうつされることもなくなりました。飼い主もペットと一緒にいる時間が長くなり、愛情も増し、健康管理も行き届くようになりました。医療も急速に進展し、ガンなどの難病にも対応できる時代になっています。そのため、ペットの長寿化が進んでいます。犬よりも比較的長生きをする猫の場合、20歳を超えても元気な長寿猫も珍しくなくなってきました。

　一方、2013年に施行された改正動物愛護管理法では、「終生飼養」が義務付けられました。ペットを飼う以上は看取りを覚悟で最期まで世話をすることが飼い主の責務となったわけです。ペットを飼う際には、仔犬や仔猫にこだわらず、自分自身の年齢に見合ったペットを選ぶことが大切です。そして、前の飼い主が飼いきれずに保護された犬や猫たちにも目をむけ、新しい家族として迎え入れてください。

ペットの終活×人の終活

参考資料

もしもに備える
ペットとわたしのエンディングノート
監修および編集

監修：芦澤 千夏子
（あしざわ・ちかこ）
税理士。芦澤千夏子税理士事務所、所長。夫と天（ジャックラッセルテリア）と一緒に国内だけでなく海外旅行もするのが夢。

監修：長嶌 優子
（ながしま・ゆうこ）
獣医師。動物病院、ペットフードメーカー、および製薬会社勤務を経て現在は東京農工大学大学院在学中。人と動物が良い関係でいられるための活動としてTNRにも参加している。

監修：木村 貴裕
（きむら・たかひろ）
大阪生まれの司法書士。谷﨑・木村合同事務所、所長。大阪司法書士会登記委員会所属。全国手話検定3級（現在、手話によるコミュニケーション力向上に励む）。

監修：梨岡 英理子
（なしおか・えりこ）
公認会計士・税理士。SDGsやESG（環境・社会・ガバナンス）など非財務情報を重視する企業経営をお手伝いするコンサルタント。一級愛玩動物飼養管理士。

監修：國山 しのぶ
（くにやま・しのぶ）
公認会計士。メーカーの商品企画から、一念発起して資格取得後、監査法人へ。仙台・東京勤務、アドバイザリー業務を経験し、現在は大阪で会計監査業務を担当。

監修：八木 理江
（やぎ・りえ）
30年間神戸市の小学校で勤務。早期退職し、現在は大阪市認可・登録のペットシッター。

監修：中窪 佐栄子
（なかくぼ・さえこ）
家族の介護や里親として迎えた保護猫・保護犬の看取りを経験し、ペットライフネットの活動の重要性を実感。運営に携わる。愛玩動物飼養管理士。

編集：吉本 由美子
（よしもと・ゆみこ）
マーケティングコミュニケーション&リサーチのプランナー。ずいぶん長く仕事もやってきた。しかしそれよりも、一緒に暮らした猫たちは10指に余り、猫抜きでは人生が語れない。あだ名は「にゃおさん」。猫族の一人として、ムリせず愉しく生き抜きたいと考えている、PLNの発起人。代表理事。

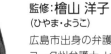

監修：檜山 洋子
（ひやま・ようこ）
広島市出身の弁護士・米国ニューヨーク州弁護士。ヒヤマ・クボタ法律事務所代表。大阪弁護士会業務改革委員会SDGs部会。一級愛玩動物飼養管理士。

ペットライフネットは、
老後も安心してペットと共に暮らせる
社会づくりをめざします。

ペットライフネット 4つの活動テーマ

1 出会いと交流

飼い主間の交流・相互扶助を活発にするため、セミナーや茶会などのイベントを開催します。

2 幸せな飼い方

シニアに適したペットの見分け方、もしものときに備えたペットのしつけ、
老犬・老猫の飼い方、看取り方などを広く深く考えます。

3 いのちをつなぐ

飼い主のあなたにもしものことがあった場合、「わんにゃお信託®」で
あなたの遺志を受け継ぎ、ペットの終生飼養を実現します。

4 ペットと共生するまちづくり

ペットの遺棄や多頭飼育問題など動物にかかわる社会的な課題は、
高齢者福祉と不可分です。
誰もが安心してペットと暮らせる社会をつくるため、
有識者とともに学ぶ機会をもちます。

MEMO

MEMO

もしもに備える
ペットとわたしのエンディングノート

2023年3月3日　発行

編著者　　NPO法人ペットライフネット©
発行者　　小泉　定裕
発行所　　株式会社清文社
　　　　　東京都文京区小石川1丁目3-25（小石川大国ビル）
　　　　　〒112-0002　電話 03-4332-1375　FAX 03-4332-1376
　　　　　大阪市北区天神橋2丁目北2-6（大和南森町ビル）
　　　　　〒530-0041　電話 06-6135-4050　FAX 06-6135-4059
　　　　　URL　https://www.skattsei.co.jp/
印刷・製本　大村印刷株式会社

ISBN978-4-433-41133-6